中国茶树品种资源志

（中卷）茶树授权品种

马建强
陈　亮
姚明哲

主编

中国农业科学技术出版社

图书在版编目（CIP）数据

中国茶树品种资源志.中卷，茶树授权品种/马建强，陈亮，姚明哲主编.--北京：中国农业科学技术出版社，2024.7
ISBN 978-7-5116-6789-2

Ⅰ.①中… Ⅱ.①马…②陈…③姚… Ⅲ.①茶树－植物资源－品种－中国 Ⅳ.①S571.1

中国国家版本馆CIP数据核字（2024）第081077号

责任编辑　贺可香
责任校对　李向荣
责任印制　姜义伟　王思文

出 版 者	中国农业科学技术出版社
	北京市中关村南大街12号　　邮编：100081
电 　 话	（010）82106638（编辑室）　（010）82106624（发行部）
	（010）82109709（读者服务部）
网 　 址	https://castp.caas.cn
经 销 者	各地新华书店
印 刷 者	北京中科印刷有限公司
开 　 本	185 mm×260 mm　1/16
印 　 张	24.5
字 　 数	530千字
版 　 次	2024年7月第1版　2024年7月第1次印刷
定 　 价	260.00元

◀━━ 版权所有·侵权必究 ━━▶

《中国茶树品种资源志（中卷）：茶树授权品种》编委会

主　　编　马建强　陈　亮　姚明哲

副 主 编（按姓氏笔画排序）

　　王开荣　王丽鸳　吴华玲　何卫中　张秀杰
　　陈正武　陈常颂　郑新强　唐　浩　黄海涛
　　韩瑞玺

编　　委（按姓氏笔画排序）

　　马建强　马春雷　王　璐　王开荣　王丽鸳
　　韦　康　田易萍　乔小燕　刘　振　刘少群
　　刘浩然　吴华玲　何卫中　汪俊宇　张秀杰
　　张续周　陈　亮　陈正武　陈远权　陈杰丹
　　陈常颂　邵宗清　林开勤　罗　凡　金孝芳
　　金基强　郑新强　荆若男　姚明哲　唐　茜
　　唐　浩　黄亚辉　黄海涛　梅菊芬　韩瑞玺
　　鄢东海

编写人员（按姓氏笔画排序）

马林龙　马建强　马春雷　王　青　王　璐
王开荣　王文杰　王华建　王丽鸳　王秋霜
韦　康　方开星　孔祥瑞　邓少春　叶俭慧
田易萍　冯之俊　成　杨　尧　渝　乔小燕
刘　振　刘　瑜　刘少群　刘东娜　刘浩然
孙彬妹　苏向宇　李　明　李　波　李　继
李兰英　杨培迪　肖　熙　吴丹远　吴立赟
吴成远　吴华玲　何卫中　余继忠　汪俊宇
张龙杰　张秀杰　张续周　陆建良　陈　玮
陈　亮　陈正武　陈远权　陈杰丹　陈春林
陈常颂　邵宗清　苗爱清　林开勤　罗　凡
金孝芳　金基强　周慧娟　郑旭霞　郑新强
赵　东　赵　洋　荆若男　姜晓辉　姚明哲
秦丹丹　夏南峰　晏嫦妤　倪尔冬　徐　琪
高　远　郭　燕　唐　茜　唐　浩　黄亚辉
黄海涛　梅菊芬　梁月荣　梁贤智　韩瑞玺
曾　贞　疏再发　鄢东海　赖定清　谭礼强
潘晨东　璩馥榕

序

中国是茶的故乡，是世界茶文化的发祥地。茶树起源于我国西南地区，目前世界上有50多个国家和地区产茶，茶产业为世界人民的健康、就业和福祉，作出了重要贡献。据国际茶叶委员会（ITC，2023）统计，2022年世界茶园面积达到531.8万hm^2，茶叶产量647.7万t，我国分别占全世界茶园面积的62.6%和茶叶产量的49.1%，在世界茶产业中处在举足轻重的地位。

茶树因异花授粉产生广泛的遗传分离，其悠久的栽培利用历史创造和固定了很多有益的变异，形成了遗传多样性非常丰富的种质资源，为新品种选育提供了极其多样的物质基础。种业是农业的"芯片"，众多的茶树优良品种为我国茶产业高质量发展提供了种业保障。

中国农业科学院茶叶研究所牵头组织我国茶树遗传育种有关单位，先后已经编辑出版了《中国茶树优良品种集》《中国茶树品种志》《中国无性系茶树品种志》等新品种专著。按2016年实施的《中华人民共和国种子法》要求，茶树作为非主要农作物需要进行品种登记；而植物新品种保护作为知识产权保护的重要组成部分，越来越受到育种者和业界的重视。在国家出版基金资助下，中国农业科学院茶叶研究所国家茶树种质资源圃（杭州）和国家茶树改良中心的陈亮研究员、姚明哲研究员和马建强研究员等，共同组织全国有关茶树育种的大学和科研院所，历时3年组织编撰《中国茶树品种资源志》（3卷），包括上卷《茶树登记品种》、中卷《茶树授权品种》和下卷《茶树野生珍稀资源》。本次茶树品种资源丛书的出版，将为茶产业、广大茶农和读者提供系统全面、权威翔实的茶树品种资源资料，也为茶树资源保护、种质创新利用和新品种选育等指明了发展方向。

祝愿《中国茶树品种资源志》为发展我国茶学科研事业，促进茶产业高质量发展，为了人民健康美好生活，作出应有的贡献。

中国工程院院士
中国农业科学院茶叶研究所研究员
中国茶叶学会名誉理事长　陈宗懋
2024年7月

前言 PREFACE

种业是国家战略性、基础性的核心产业，是保障农林产业持续健康发展的根本。植物新品种权作为种业知识产权最重要的组成部分，对于激励育种科技创新，促进种业高质量发展具有重要意义。我国于1997年颁布了《中华人民共和国植物新品种保护条例》，正式施行植物新品种权保护制度，由农业农村部、国家林业和草原局等主管部门对符合该条例规定，即国家植物品种保护名录内经过人工选育或者对发现的野生植物加以改良，并具备新颖性、特异性、一致性、稳定性和适当命名的植物品种授予植物新品种权。

茶产业是我国特色优势产业，在推动实现乡村振兴和共同富裕方面发挥着重要支柱作用。茶树品种是提升茶产业核心竞争力的关键，但是茶树作为多年生木本植物，其育种周期漫长，同时具有无性繁殖特点，育种者权利易遭受侵害，因此，加强茶树植物新品种保护对于茶产业可持续发展至关重要。1999年山茶属（*Camellia*）被列入我国第一批林业植物品种保护名录，2008年茶组［*Camellia* L. Section *Thea*（L.）Dyer）］被列入第七批农业植物品种保护名录。国际植物新品种保护联盟（UPOV）技术委员会于2008年正式采纳和发布了茶树DUS测试指南（TG/238/1），同时与该指南内容一致的农业行业标准《植物新品种特异性、一致性和稳定性测试指南 茶树》（NY/T 2422—2013）也已发布并实施，为我国茶树植物新品种权保护提供了重要的技术支撑。

本书梳理和介绍了自2005年至2024年4月已授权的茶树品种。每个品种列出了品种权的申请号、申请日、品种权号、授权日、公告号、品种权人、培育人等授权信息，以及品种来源、品种登记情况、形态特征、品质特征和适宜种植区域，并配备了植株、树冠、新梢、成熟枝条、叶片、花等相关性状的彩图。这些信息是了解我国茶树种业科技创新成果的重要资料，也是进一步开展茶树新品种选育、DUS测试以及知识产权保护的重要参考。

本书的出版得到了国家出版基金资助。在本书编撰过程中，农业农村部科技发展中心、中国农业科学院茶叶研究所、中国农业科学技术出版社等单位的领导和专家给予了悉心指导，同时得到了品种培育人的大力支持和帮助，在此一并致以诚挚的谢意。

限于时间，书中不足之处在所难免，敬请读者批评指正。

编　者
2024年4月

 目　录

绪论	1
安徽省	8
皖黄一号〔CNA20151256.8〕	8
福建省	10
0309B〔CNA20151732.2〕	10
福白0309D〔CNA20172036.1〕	12
福萱〔CNA20172038.9〕	14
冠香红〔CNA20184364.8〕	16
闽冠茶〔CNA20172034.3〕	18
韩冠茶〔CNA20150215.0〕	20
皇冠茶〔CNA20150216.9〕	22
乐冠茶〔CNA20172035.2〕	24
茗冠茶〔CNA20172037.0〕	26
茗铁0319〔CNA20151734.0〕	28
广东省	30
白月香〔CNA20182381.1〕	30
丹妃〔CNA20171169.2〕	32
丹霞8号〔CNA20171341.3〕	34
华农181〔CNA20191003208〕	36
可可茶1号〔20080020〕	38
可可茶2号〔20080021〕	40
龙源1号〔CNA20160414.8〕	42
龙源2号〔CNA20160415.7〕	44
一派香〔CNA20170466.4〕	46
粤茶3号〔CNA20173225.0〕	48
粤茶4号〔CNA20173224.1〕	50

粤茗1号〔CNA20181230.6〕……………………………………………… 52

粤茗2号〔CNA20181231.5〕……………………………………………… 54

粤茗4号〔CNA20181233.3〕……………………………………………… 56

粤茗5号〔CNA20183466.7〕……………………………………………… 58

粤茗7号〔CNA20183467.6〕……………………………………………… 60

长叶香〔CNA20182382.0〕……………………………………………… 62

广西壮族自治区 …………………………………………………………… 64

多耶楼1号〔CNA20191000310〕………………………………………… 64

多耶楼2号〔CNA20191000309〕………………………………………… 66

多耶楼3号〔CNA20201007465〕………………………………………… 68

多耶楼15号〔CNA20201007466〕……………………………………… 70

凌龙香1号〔CNA20211006923〕………………………………………… 72

贵州省 ………………………………………………………………………… 74

高原绿〔CNA20141406.8〕……………………………………………… 74

格绿〔CNA20141407.7〕………………………………………………… 76

贵绿1号〔CNA20141411.1〕……………………………………………… 78

贵绿2号〔CNA20141404.0〕……………………………………………… 80

贵绿3号〔CNA20141405.9〕……………………………………………… 82

流芳〔CNA20141409.5〕………………………………………………… 84

千江月〔CNA20141410.2〕……………………………………………… 86

黔茶1号〔CNA20080571.1〕……………………………………………… 88

黔茶7号〔CNA20080568.1〕……………………………………………… 90

黔茶8号〔CNA20080572.X〕……………………………………………… 92

黔辐4号〔CNA20080574.6〕……………………………………………… 94

黔湄809号〔CNA20080569.X〕………………………………………… 96

苔选0310〔CNA20080570.3〕…………………………………………… 98

一味〔CNA20141408.6〕………………………………………………… 100

湖北省 ………………………………………………………………………… 102

金茗1号〔CNA20110657.9〕…………………………………………… 102

湖南省 ………………………………………………………………………… 104

西莲1号〔CNA20172027.2〕…………………………………………… 104

江苏省 ………………………………………………………………………… 106

紫英2号〔CNA20162501.8〕…………………………………………… 106

紫英3号〔CNA20162502.7〕…………………………………………… 108

紫英4号〔CNA20173664.8〕……………………………………………110

紫英6号〔CNA20173665.7〕···112

山东省···114
北茶36〔CNA20150859.1〕···114

陕西省···116
陕茶1号〔CNA20121112.5；20140088〕···116

四川省···118
甘露1号〔CNA20211008103〕···118
金凤2号〔CNA20211008104〕···120
九凤1号〔CNA20211006772〕···122
紫嫣〔CNA20120455.2〕···124

云南省···126
探春〔CNA20151347.9〕···126
云茶1号〔20050030〕···128
云茶普蕊〔CNA20090203.2〕···130
云茶奇蕊〔CNA20100447.5〕···132
云茶香1号〔CNA20090204.1〕···134
云茶银剑〔CNA20100448.4〕···136
早春翠芽〔CNA20151656.4〕···138
紫娟〔20050031〕···140

浙江省···142
采金毫〔20230586〕···142
采金雪〔20230588〕···144
采金玉〔20230589〕···146
多耶楼4号〔CNA20201007463〕···148
杭茶11号〔CNA20151673.3〕···150
杭茶12号〔CNA20161397.7〕···152
杭茶13号〔CNA20161398.6〕···154
杭茶14号〔CNA20161399.5〕···156
杭茶15号〔CNA20161400.2〕···158
杭茶21号〔CNA20141369.3〕···160
杭茶22号〔CNA20141370.0〕···162
红韵1号〔20230585〕···164
红韵2号〔20230587〕···166
花欲容〔CNA20110151.0〕···168
黄金斑〔20130039〕···170

品种名	页码
黄金蝉［20150072］	172
黄金毫［20150074］	174
黄金甲［20140086］	176
黄叶宝［CNA20130589.0］	178
金川红妃［20200125］	180
金玉满堂［20150073］	182
金玉缘［20130040］	184
径山1号［CNA20151578.9］	186
径山2号［CNA20151375.4］	188
鸠16［CNA20201000010］	190
丽白1号［CNA20181381.3］	192
丽白4号［CNA20184169.5］	194
丽茶1号［CNA20183900.1］	196
丽茶2号［CNA20184680.5］	198
丽黄2号［CNA20181383.1］	200
丽黄3号［CNA20181676.7］	202
丽早1号［CNA20181384.0］	204
丽早2号［CNA20181674.9］	206
丽早3号［CNA20181675.8］	208
丽紫1号［CNA20181386.8］	210
丽紫2号［CNA20181677.6］	212
丽紫3号［CNA20181678.5］	214
栗峰［CNA20130064.4］	216
龙曲1号［CNA20140311.4］	218
龙曲2号［CNA20140312.3］	220
磐茶1号［CNA20141371.9］	222
平水日铸茶1号［CNA20191000306］	224
平水日铸茶2号［CNA20191000307］	226
千秋墨［20200120］	228
瑞雪1号［20140084］	230
瑞雪2号［20150075］	232
笙元2号［CNA20172199.4］	234
笙元3号［CNA20172194.9］	236
曙雪［20230584］	238
水晶白［CNA20181385.9］	240

品种名	页码
四季金韵 [20200126]	242
四明紫墨 [20200121]	244
四明紫霞 [20200122]	246
梯田白 [CNA20181387.7]	248
梯田白2号 [CNA20181388.6]	250
望海茶1号 [CNA20161835.7]	252
乌御金茗 [20200127]	254
五彩中华 [20200124]	256
虞舜红 [20200123]	258
御金香 [20130038]	260
云白1号 [CNA20161834.8]	262
浙农301 [CNA20171601.8]	264
浙农302 [CNA20171602.7]	266
浙农701 [CNA20171603.6]	268
浙农702 [CNA20171604.5]	270
浙农901 [CNA20171605.4]	272
浙农902 [CNA20171606.3]	274
中白11号 [CNA20211007757]	276
中茶125 [CNA20100657.0]	278
中茶126 [CNA20130586.3]	280
中茶127 [CNA20130587.2]	282
中茶128 [CNA20130588.1]	284
中茶129 [CNA20162255.6]	286
中茶130 [CNA20162256.5]	288
中茶131 [CNA20140551.3]	290
中茶132 [CNA20140552.2]	292
中茶133 [CNA20140553.1]	294
中茶134 [CNA20140554.0]	296
中茶135 [CNA20140555.9]	298
中茶136 [CNA20141126.7]	300
中茶137 [CNA20141127.6]	302
中茶138 [CNA20141128.5]	304
中茶139 [CNA20141129.4]	306
中茶140 [CNA20151372.7]	308
中茶141 [CNA20151373.6]	310

中茶142 [CNA20151374.5]	312
中茶143 [CNA20172470.4]	314
中茶144 [CNA20172469.7]	316
中茶145 [CNA20173292.8]	318
中茶146 [CNA20173293.7]	320
中茶148 [CNA20191006302]	322
中茶149 [CNA20191006303]	324
中茶150 [CNA20191006304]	326
中茶151 [CNA20191006306]	328
中茶158 [CNA20201005148]	330
中茶159 [CNA20201005089]	332
中茶160 [CNA20201005149]	334
中茶211 [CNA20100658.9]	336
中茶251 [CNA20100659.8]	338
中茶306 [CNA20183261.4]	340
中茶307 [CNA20183262.3]	342
中黄3号 [CNA20151367.4]	344
中黄4号 [CNA20160888.5]	346
中茗1302 [CNA20172763.0]	348
中茗1601 [CNA20172767.6]	350
中茗1号 [CNA20151398.7]	352
中茗21 [CNA20182059.2]	354
中茗22 [CNA20161832.0]	356
中茗23 [CNA20182060.9]	358
中茗2806 [CNA20172764.9]	360
中茗2807 [CNA20172765.8]	362
中茗2813 [CNA20172766.7]	364
中茗6号 [CNA20151399.6]	366
中茗7号 [CNA20151400.3]	368
中茗66号 [CNA20161833.9]	370
中紫1号 [CNA20160889.4]	372
醉金红 [20140085]	374
御金芽 [20230842]	376

主要参考文献 378

绪 论

到2024年4月共有安徽、福建、广东、广西壮族自治区（以下简称广西）、贵州、湖北、湖南、江苏、山东、陕西、四川、云南、浙江13个省（区）的186个茶树品种获植物新品种权授权。其中，156个属于农业植物授权新品种，29个属于林业植物授权新品种，1个属于农业和林业同时授权；采用人工杂交选育的39个（占21%），从自然杂交或开放授粉后代以及地方群体中单株选育的143个（占77%），其他诱变和芽变育种等4个（占2%）；在植物学分类上，168个属于茶树原变种 Camellia sinensis（L.）O. Kuntze var. sinensis，11个属于大叶茶 C. sinensis var. assamica（Masters）Kitamura，5个属于白毛茶 C. sinensis var. pubilimba Chang，2个属于毛叶茶 C. ptilophylla Hung T. Chang。详细授权茶树品种名单见表1和表2。

表1 农业植物授权新品种——茶树品种名单（截至2024年4月）

授权日（年/月/日）	品种	品种权号	第一品种权人
2015/09/01	中茶125	CNA20100657.0	中国农业科学院茶叶研究所
2015/09/01	中茶251	CNA20100659.8	中国农业科学院茶叶研究所
2015/11/01	黔湄809号	CNA20080569.X	贵州省茶叶研究所
2015/11/01	云茶普蕊	CNA20090203.2	云南省农业科学院
2015/11/01	云茶香1号	CNA20090204.1	云南省农业科学院
2016/01/01	黔茶7号	CNA20080568.1	贵州省茶叶研究所
2016/01/01	黔茶8号	CNA20080572.X	贵州省茶叶研究所
2016/01/01	黔辐4号	CNA20080574.6	贵州省茶叶研究所
2016/01/01	酸茶	CNA20090403.0	杨煜炜
2016/01/01	中茶211	CNA20100658.9	中国农业科学院茶叶研究所
2016/01/01	花欲容	CNA20110151.0	吴宣东
2016/03/01	苔选0310	CNA20080570.3	贵州省茶叶研究所
2016/03/01	黔茶1号	CNA20080571.1	贵州省茶叶研究所
2016/03/01	黄叶宝	CNA20130589.0	吕才宝
2016/05/01	云茶奇蕊	CNA20100447.5	云南省农业科学院
2016/05/01	云茶银剑	CNA20100448.4	云南省农业科学院
2016/05/01	中茶126	CNA20130586.3	中国农业科学院茶叶研究所

(续表)

授权日 (年/月/日)	品种	品种权号	第一品种权人
2016/05/01	中茶127	CNA20130587.2	中国农业科学院茶叶研究所
2016/05/01	中茶128	CNA20130588.1	中国农业科学院茶叶研究所
2017/01/01	栗峰	CNA20130064.4	杭州市农业科学研究院
2017/03/01	中茶131	CNA20140551.3	中国农业科学院茶叶研究所
2017/03/01	中茶132	CNA20140552.2	中国农业科学院茶叶研究所
2017/03/01	中茶133	CNA20140553.1	中国农业科学院茶叶研究所
2017/03/01	中茶134	CNA20140554.0	中国农业科学院茶叶研究所
2017/03/01	中茶135	CNA20140555.9	中国农业科学院茶叶研究所
2017/03/01	中茶136	CNA20141126.7	中国农业科学院茶叶研究所
2017/03/01	中茶137	CNA20141127.6	中国农业科学院茶叶研究所
2017/03/01	中茶138	CNA20141128.5	中国农业科学院茶叶研究所
2017/03/01	中茶139	CNA20141129.4	中国农业科学院茶叶研究所
2017/05/01	金茗1号	CNA20110657.9	湖北省农业科学院果树茶叶研究所
2017/09/01	紫嫣	CNA20120455.2	四川农业大学
2018/01/02	陕茶1号	CNA20121112.5	安康市汉水韵茶业有限公司
2018/01/02	探春	CNA20151347.9	云南滇红集团股份有限公司
2018/01/02	中黄3号	CNA20151367.4	中国农业科学院茶叶研究所
2018/01/02	早春翠芽	CNA20151656.4	云南滇红集团股份有限公司
2019/01/31	龙曲1号	CNA20140311.4	中国农业科学院茶叶研究所
2019/01/31	龙曲2号	CNA20140312.3	中国农业科学院茶叶研究所
2019/01/31	杭茶21号	CNA20141369.3	杭州市农业科学研究院
2019/01/31	杭茶22号	CNA20141370.0	杭州市农业科学研究院
2019/01/31	磐茶1号	CNA20141371.9	磐安县农业局
2019/01/31	中茶129	CNA20162255.6	中国农业科学院茶叶研究所
2019/01/31	中茶130	CNA20162256.5	中国农业科学院茶叶研究所
2019/05/24	径山2号	CNA20151375.4	中国农业科学院茶叶研究所
2019/05/24	径山1号	CNA20151578.9	杭州市余杭区农业技术推广中心
2019/05/24	中茶144	CNA20172469.7	中国农业科学院茶叶研究所
2019/05/24	中茶143	CNA20172470.4	中国农业科学院茶叶研究所
2019/05/24	粤茗1号	CNA20181230.6	广东省农业科学院茶叶研究所
2019/05/24	粤茗2号	CNA20181231.5	广东省农业科学院茶叶研究所

(续表)

授权日 (年/月/日)	品种	品种权号	第一品种权人
2019/05/24	粤茗4号	CNA20181233.3	广东省农业科学院茶叶研究所
2019/12/19	中茶140	CNA20151372.7	中国农业科学院茶叶研究所
2019/12/19	中茶141	CNA20151373.6	中国农业科学院茶叶研究所
2019/12/19	中茶142	CNA20151374.5	中国农业科学院茶叶研究所
2019/12/19	中茶145	CNA20173292.8	中国农业科学院茶叶研究所
2019/12/19	中茶146	CNA20173293.7	中国农业科学院茶叶研究所
2020/07/27	华农181	CNA20191003208	华南农业大学
2020/09/30	贵绿2号	CNA20141404.0	贵州省茶叶研究所
2020/09/30	贵绿3号	CNA20141405.9	贵州省茶叶研究所
2020/09/30	高原绿	CNA20141406.8	贵州省茶叶研究所
2020/09/30	格绿	CNA20141407.7	贵州省茶叶研究所
2020/09/30	一味	CNA20141408.6	贵州省茶叶研究所
2020/09/30	流芳	CNA20141409.5	贵州省茶叶研究所
2020/09/30	千江月	CNA20141410.2	贵州省茶叶研究所
2020/09/30	贵绿1号	CNA20141411.1	贵州省茶叶研究所
2020/09/30	韩冠茶	CNA20150215.0	福建省农业科学院茶叶研究所
2020/09/30	皇冠茶	CNA20150216.9	福建省农业科学院茶叶研究所
2020/09/30	北茶36	CNA20150859.1	张续周
2020/09/30	皖黄一号	CNA20151256.8	广德泰和祥茶叶销售有限公司
2020/09/30	中茗1号	CNA20151398.7	中国农业科学院茶叶研究所
2020/09/30	中茗6号	CNA20151399.6	中国农业科学院茶叶研究所
2020/09/30	中茗7号	CNA20151400.3	中国农业科学院茶叶研究所
2020/09/30	杭茶11号	CNA20151673.3	杭州市农业科学研究院
2020/09/30	0309B	CNA20151732.2	福建省农业科学院茶叶研究所
2020/09/30	茗铁0319	CNA20151734.0	福建省农业科学院茶叶研究所
2020/09/30	中茗22	CNA20161832.0	中国农业科学院茶叶研究所
2020/09/30	中茗66号	CNA20161833.9	中国农业科学院茶叶研究所
2020/09/30	云白1号	CNA20161834.8	中国农业科学院茶叶研究所
2020/09/30	望海茶1号	CNA20161835.7	宁海县农业产业化办公室
2021/09/16	鸠16	CNA20201000010	淳安县农业技术推广中心
2022/05/10	平水日铸茶1号	CNA20191000306	中国农业科学院茶叶研究所

（续表）

授权日（年/月/日）	品种	品种权号	第一品种权人
2022/05/10	平水日铸茶2号	CNA20191000307	绍兴市柯桥区农林局
2022/05/10	多耶楼2号	CNA20191000309	三江侗族自治县多耶楼茶业有限公司
2022/05/10	多耶楼1号	CNA20191000310	三江侗族自治县多耶楼茶业有限公司
2022/05/10	中茶151	CNA20191006306	中国农业科学院茶叶研究所
2023/03/07	中黄4号	CNA20160888.5	中国农业科学院茶叶研究所
2023/03/07	中紫1号	CNA20160889.4	中国农业科学院茶叶研究所
2023/03/07	杭茶12号	CNA20161397.7	杭州市农业科学研究院
2023/03/07	杭茶13号	CNA20161398.6	杭州市农业科学研究院
2023/03/07	杭茶14号	CNA20161399.5	杭州市农业科学研究院
2023/03/07	杭茶15号	CNA20161400.2	杭州市农业科学研究院
2023/03/07	紫英2号	CNA20162501.8	无锡市茶叶品种研究所有限公司
2023/03/07	紫英3号	CNA20162502.7	无锡市茶叶品种研究所有限公司
2023/03/07	一派香	CNA20170466.4	广东省农业科学院茶叶研究所
2023/03/07	丹妃	CNA20171169.2	广东省农业科学院茶叶研究所
2023/03/07	丹霞8号	CNA20171341.3	广东省农业科学院茶叶研究所
2023/03/07	浙农701	CNA20171603.6	浙江大学
2023/03/07	浙农901	CNA20171605.4	浙江大学
2023/03/07	浙农902	CNA20171606.3	浙江大学
2023/03/07	紫英4号	CNA20173664.8	无锡市茶叶品种研究所有限公司
2023/03/07	中茶306	CNA20183261.4	中国农业科学院茶叶研究所
2023/03/07	中茶307	CNA20183262.3	中国农业科学院茶叶研究所
2023/05/24	龙源1号	CNA20160414.8	华南农业大学
2023/05/24	龙源2号	CNA20160415.7	华南农业大学
2023/05/24	西莲1号	CNA20172027.2	湖南省茶叶研究所
2023/05/24	闽冠茶	CNA20172034.3	福建省农业科学院茶叶研究所
2023/05/24	乐冠茶	CNA20172035.2	福建省农业科学院茶叶研究所
2023/05/24	福白0309D	CNA20172036.1	福建省农业科学院茶叶研究所
2023/05/24	茗冠茶	CNA20172037.0	福建省农业科学院茶叶研究所
2023/05/24	福萱	CNA20172038.9	福建省农业科学院茶叶研究所
2023/05/24	笙元3号	CNA20172194.9	嵊州市笙元茗茶实验场
2023/05/24	笙元2号	CNA20172199.4	嵊州市笙元茗茶实验场

(续表)

授权日(年/月/日)	品种	品种权号	第一品种权人
2023/05/24	中茗1302	CNA20172763.0	中国农业科学院茶叶研究所
2023/05/24	中茗2806	CNA20172764.9	中国农业科学院茶叶研究所
2023/05/24	中茗2807	CNA20172765.8	中国农业科学院茶叶研究所
2023/05/24	中茗2813	CNA20172766.7	中国农业科学院茶叶研究所
2023/05/24	中茗1601	CNA20172767.6	中国农业科学院茶叶研究所
2023/05/24	粤茶4号	CNA20173224.1	华南农业大学
2023/05/24	粤茶3号	CNA20173225.0	华南农业大学
2023/05/24	紫英6号	CNA20173665.7	无锡市茶叶品种研究所有限公司
2023/05/24	丽白1号	CNA20181381.3	丽水市农业科学研究院
2023/05/24	丽黄2号	CNA20181383.1	丽水市农业科学研究院
2023/05/24	丽早1号	CNA20181384.0	丽水市农业科学研究院
2023/05/24	水晶白	CNA20181385.9	丽水市农业科学研究院
2023/05/24	丽紫1号	CNA20181386.8	丽水市农业科学研究院
2023/05/24	梯田白	CNA20181387.7	丽水市农业科学研究院
2023/05/24	梯田白2号	CNA20181388.6	丽水市农业科学研究院
2023/05/24	丽早2号	CNA20181674.9	丽水市农业科学研究院
2023/05/24	丽早3号	CNA20181675.8	丽水市农业科学研究院
2023/05/24	丽黄3号	CNA20181676.7	丽水市农业科学研究院
2023/05/24	丽紫2号	CNA20181677.6	丽水市农业科学研究院
2023/05/24	丽紫3号	CNA20181678.5	丽水市农业科学研究院
2023/05/24	中茗21	CNA20182059.2	中国农业科学院茶叶研究所
2023/05/24	中茗23	CNA20182060.9	中国农业科学院茶叶研究所
2023/05/24	白月香	CNA20182381.1	广东省农业科学院茶叶研究所
2023/05/24	长叶香	CNA20182382.0	广东省农业科学院茶叶研究所
2023/05/24	粤茗5号	CNA20183466.7	广东省农业科学院茶叶研究所
2023/05/24	粤茗7号	CNA20183467.6	广东省农业科学院茶叶研究所
2023/05/24	丽茶1号	CNA20183900.1	丽水市农业科学研究院
2023/05/24	丽白4号	CNA20184169.5	丽水市农业科学研究院
2023/05/24	冠香红	CNA20184364.8	福安市福泰隆茶厂
2023/05/24	丽茶2号	CNA20184680.5	丽水市农业科学研究院
2023/09/05	浙农702	CNA20171604.5	浙江大学

（续表）

授权日 （年/月/日）	品种	品种权号	第一品种权人
2023/12/29	浙农301	CNA20171601.8	浙江大学
2023/12/29	浙农302	CNA20171602.7	浙江大学
2023/12/29	中茶148	CNA20191006302	中国农业科学院茶叶研究所
2023/12/29	中茶149	CNA20191006303	中国农业科学院茶叶研究所
2023/12/29	中茶150	CNA20191006304	中国农业科学院茶叶研究所
2023/12/29	中茶159	CNA20201005089	中国农业科学院茶叶研究所
2023/12/29	中茶158	CNA20201005148	中国农业科学院茶叶研究所
2023/12/29	中茶160	CNA20201005149	中国农业科学院茶叶研究所
2023/12/29	多耶楼4号	CNA20201007463	中国农业科学院茶叶研究所
2023/12/29	多耶楼3号	CNA20201007465	三江侗族自治县多耶楼茶业有限公司
2023/12/29	多耶楼15号	CNA20201007466	三江侗族自治县多耶楼茶业有限公司
2023/12/29	中白11号	CNA20211007757	淳安木连农业开发有限公司
2024/04/12	九凤1号	CNA20211006772	四川省农业科学院茶叶研究所
2024/04/12	凌龙香1号	CNA20211006923	广西南亚热带农业科学研究所
2024/04/12	甘露1号	CNA20211008103	四川省农业科学院茶叶研究所
2024/04/12	金凤2号	CNA20211008104	四川省农业科学院茶叶研究所

表2　林业植物授权新品种——茶树品种名单（截至2024年4月）

授权日	品种	品种权号	第一品种权人
2005/11/28	云茶1号	20050030	云南省农业科学院茶叶研究所
2005/11/28	紫娟	20050031	云南省农业科学院茶叶研究所
2008/12/02	可可茶1号	20080020	中山大学生命科学学院
2008/12/02	可可茶2号	20080021	广东省农业科学院茶叶研究所
2013/06/28	御金香	20130038	宁波黄金韵茶业科技有限公司
2013/06/28	黄金斑	20130039	宁波黄金韵茶业科技有限公司
2013/06/28	金玉缘	20130040	宁波黄金韵茶业科技有限公司
2014/06/27	瑞雪1号	20140084	宁波黄金韵茶业科技有限公司
2014/06/27	醉金红	20140085	宁波黄金韵茶业科技有限公司
2014/06/27	黄金甲	20140086	宁波黄金韵茶业科技有限公司
2014/06/27	陕茶1号	20140088	安康市汉水韵茶业有限公司

（续表）

授权日	品种	品种权号	第一品种权人
2015/09/14	黄金蝉	20150072	宁波黄金韵茶业科技有限公司
2015/09/14	金玉满堂	20150073	宁波黄金韵茶业科技有限公司
2015/09/14	黄金毫	20150074	宁波黄金韵茶业科技有限公司
2015/09/14	瑞雪2号	20150075	宁波黄金韵茶业科技有限公司
2020/07/29	千秋墨	20200120	宁波黄金韵茶业科技有限公司
2020/07/29	四明紫墨	20200121	宁波黄金韵茶业科技有限公司
2020/07/29	四明紫霞	20200122	宁波黄金韵茶业科技有限公司
2020/07/29	虞舜红	20200123	宁波黄金韵茶业科技有限公司
2020/07/29	五彩中华	20200124	宁波黄金韵茶业科技有限公司
2020/07/29	金川红妃	20200125	宁波黄金韵茶业科技有限公司
2020/07/29	四季金韵	20200126	宁波黄金韵茶业科技有限公司
2020/07/29	乌御金茗	20200127	宁波黄金韵茶业科技有限公司
2023/09/06	曙雪	20230584	宁波黄金韵茶业科技有限公司
2023/09/06	红韵1号	20230585	宁波黄金韵茶业科技有限公司
2023/09/06	采金毫	20230586	浙江大学
2023/09/06	红韵2号	20230587	宁波黄金韵茶业科技有限公司
2023/09/06	采金雪	20230588	宁波黄金韵茶业科技有限公司
2023/09/06	采金玉	20230589	宁波黄金韵茶业科技有限公司
2023/12/29	御金芽	20230842	宁波黄金韵茶业科技有限公司

安徽省

皖黄一号

Camellia sinensis（L.）O. Kuntze 'Wanhuang 1'

申 请 号	20151256.8
申 请 日	2015年9月8日
品种权号	CNA20151256.8
授 权 日	2020年9月30日
公 告 号	CNA015941G
品种权人	广德泰和祥茶叶销售有限公司
培 育 人	夏南峰
品种来源	从安徽广德茶树群体种中，经单株选育而成的新梢黄化品种。
登记情况	未登记
形态特征	植株生长势弱到中，树型灌木型，树姿半开张到开张；新梢一芽一叶始期早到中，一芽二叶期第2叶颜色为黄绿色，芽茸毛密度稀到中，叶柄基部无花青苷显色；成熟叶片着生姿态向上，窄椭圆形，绿色程度极浅到浅，横切面内折，上表面隆起性无或弱；花萼外部无茸毛，花冠直径极小到小，内轮花瓣颜色为白色，花柱分裂位置低，雌蕊略低于雄蕊。
品质特征	适制绿茶，干茶嫩黄隐翠，芽壮实肥美，叶薄如蝉翼，汤色鹅黄透亮，豆花香持久，滋味鲜醇，回甘持久，叶底金黄成朵如兰花。春季一芽二叶水浸出物含量46.4%，茶多酚含量13.6%，氨基酸含量8.9%，咖啡碱含量2.9%。
适宜区域	适宜在各茶区光照充足地块种植。

福建省

0309B

Camellia sinensis(L.) O. Kuntze '0309B'

申 请 号	20151732.2
申 请 日	2015年12月3日
品种权号	CNA20151732.2
授 权 日	2020年9月30日
公 告 号	CNA015946G
品种权人	福建省农业科学院茶叶研究所
培 育 人	陈常颂　游小妹　陈志辉　钟秋生　林郑和
品种来源	从'白鸡冠'开放授粉后代中，经单株选育而成的新梢黄化品种。
登记情况	未登记
形态特征	植株生长势弱到中，树型灌木型，树姿半开张；新梢一芽一叶始期中到晚，一芽二叶期第2叶颜色为黄绿色，芽茸毛密度稀，叶柄基部无花青苷显色；成熟叶片着生姿态向上，窄椭圆形，绿色程度浅，横切面内折，上表面隆起性无或弱；花萼外部无茸毛，花冠直径小，内轮花瓣颜色为白色，花柱分裂位置中，雌蕊略高于雄蕊。
品质特征	适制乌龙茶，制乌龙茶花香显，味浓厚或花香微甜，汤中有香、味浓；春季一芽二叶水浸出物含量46.2%，茶多酚含量21.9%，氨基酸含量3.9%，咖啡碱含量3.3%。
适宜区域	适宜在江南茶区及与福建福安气候相似地区种植。

福建省

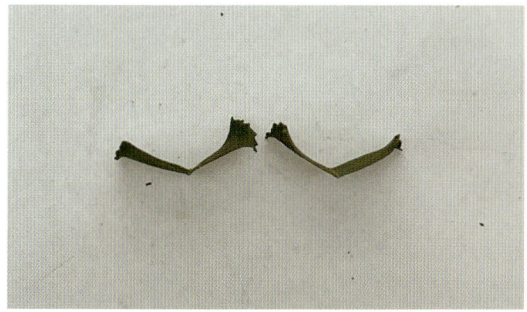

福白0309D

Camellia sinensis（L.）O. Kuntze'Fubai 0309D'

申 请 号 20172036.1

申 请 日 2017年8月1日

品种权号 CNA20172036.1

授 权 日 2023年5月24日

公 告 号 CNA026894G

品种权人 福建省农业科学院茶叶研究所

培 育 人 陈常颂　王秀萍　钟秋生　陈志辉　游小妹

品种来源 从'白鸡冠'开放授粉后代中，经单株选育而成的新梢黄化品种。

登记情况 未登记

形态特征 植株生长势中，树型灌木型到小乔木型，树姿半开张；新梢一芽一叶始期晚到极晚，一芽二叶期第2叶颜色为黄绿色，芽茸毛密度稀到中，叶柄基部无花青苷显色；成熟叶片着生姿态向上，窄椭圆形，绿色程度浅，横切面内折，上表面隆起性无或弱；花萼外部无茸毛，花冠直径小到中，内轮花瓣颜色为白色，花柱分裂位置高，雌蕊高于雄蕊。

品质特征 适制绿茶和乌龙茶。制绿茶少毫、黄绿，汤色嫩黄亮，嫩香有花香，滋味醇厚。制乌龙茶花香较显、滋味醇爽；或栀子花香显、持久，滋味醇厚、汤中香显。春季一芽二叶水浸出物含量46.9%，茶多酚含量20.6%，氨基酸含量4.4%，咖啡碱含量3.5%。

适宜区域 适宜在江南茶区、华南茶区及与福建福安气候相似地区种植。

福建省

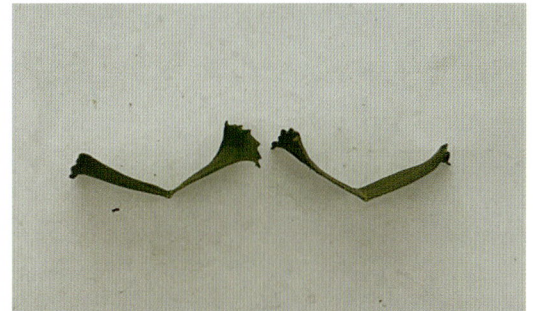

福萱

Camellia sinensis（L.）O. Kuntze 'Fuxuan'

申 请 号 20172038.9

申 请 日 2017年8月1日

品种权号 CNA20172038.9

授 权 日 2023年5月24日

公 告 号 CNA026896G

品种权人 福建省农业科学院茶叶研究所

培 育 人 陈常颂　王秀萍　余文权　游小妹

品种来源 从'金萱'开放授粉后代中，经单株选育而成的绿茶和乌龙茶兼制品种。

登记情况 GPD茶树（2022）350031

形态特征 植株生长势中，树型灌木型，树姿半开张到开张；春季新梢一芽一叶始期中，一芽二叶期第2叶颜色为中等绿色，芽茸毛密度中到密，叶柄基部无花青苷显色；成熟叶片着生姿态向上到水平，窄椭圆形，绿色程度中到深，横切面内折，上表面隆起性无或弱；花萼外部无茸毛，花冠直径小，内轮花瓣颜色为白色，花柱分裂位置低到中，雌蕊高于雄蕊。

品质特征 适制绿茶、乌龙茶。制绿茶毫较显、绿润，汤色黄绿明亮，板栗香显，味醇爽或栗香显、味甜醇；制乌龙茶汤色浅橙黄明亮，香清细幽，味醇爽、厚滑，具铁观音品质风格。春季一芽二叶水浸出物含量41.9%，茶多酚含量16.9%，氨基酸含量5.6%，咖啡碱含量3.3%。

适宜区域 适宜在江南茶区及与福建福安气候相似地区种植。

福建省

冠香红

Camellia sinensis（L.）O. Kuntze 'Guanxianghong'

申 请 号	20184364.8
申 请 日	2018年12月18日
品种权号	CNA20184364.8
授 权 日	2023年5月24日
公 告 号	CNA026927G
品种权人	福安市福泰隆茶厂
培 育 人	施立钦　施立强
品种来源	从福建福安坦洋菜茶中，经单株选育而成。
登记情况	未登记
形态特征	植株生长势中到强，树型灌木型到小乔木型，树姿半开张到开张；春季新梢一芽一叶始期中到晚，一芽二叶期第2叶颜色为紫绿色，芽茸毛密度中到密，叶柄基部无花青苷显色；成熟叶片着生姿态向上到水平，中等椭圆形，绿色程度深，横切面内折，上表面隆起性无或弱；花萼外部无茸毛，花冠直径小，内轮花瓣颜色为浅绿色，花柱分裂位置高，雌蕊高于雄蕊。
品质特征	制红茶茶索匀称，光泽亮丽，味甘醇，带清香，回甘好。
适宜区域	适宜在福建福安及与其气候相似地区种植。

闺冠茶

Camellia sinensis（L.）O. Kuntze 'Guiguancha'

申 请 号	20172034.3
申 请 日	2017年8月1日
品种权号	CNA20172034.3
授 权 日	2023年5月24日
公 告 号	CNA026892G
品种权人	福建省农业科学院茶叶研究所
培 育 人	王秀萍　陈常颂　单睿阳　林郑和　钟秋生
品种来源	从'白鸡冠'开放授粉后代中，经单株选育而成的新梢黄化品种。
登记情况	未登记
形态特征	植株生长势弱到中，树型灌木型，树姿半开张；春季新梢一芽一叶始期中，一芽二叶期第2叶颜色为黄绿色，芽茸毛密度稀到中，叶柄基部无花青苷显色；成熟叶片着生姿态向上，披针形，绿色程度中到深，横切面内折，上表面隆起性无或弱；花萼外部无茸毛，花冠直径小，内轮花瓣颜色为白色，花柱分裂位置中，雌蕊高于雄蕊。
品质特征	适制绿茶、乌龙茶。制绿茶汤色黄绿明亮，花香较显，滋味较醇爽，叶底嫩黄明亮；或栗香显，味较醇厚、带栗香。制乌龙茶花香较浓，味鲜醇爽；或有豆香，味纯。春季一芽二叶水浸出物含量44.7%，茶多酚含量17.9%，氨基酸含量4.7%，咖啡碱含量3.3%。
适宜区域	适宜在福建福安及与其气候相似地区种植。

韩冠茶

Camellia sinensis（L.）O. Kuntze 'Hanguancha'

申 请 号	20150215.0
申 请 日	2015年2月7日
品种权号	CNA20150215.0
授 权 日	2020年9月30日
公 告 号	CNA015938G
品种权人	福建省农业科学院茶叶研究所
培 育 人	陈常颂　王秀萍　钟秋生　游小妹　单睿阳
品种来源	从'白鸡冠'开放授粉后代中，经单株选育而成的新梢黄化品种。
登记情况	GPD茶树（2023）350033
形态特征	植株生长势弱，树型灌木型，树姿半开张；新梢一芽一叶始期中到晚，一芽二叶期第2叶颜色为黄绿色，芽茸毛密度中，叶柄基部无花青苷显色；成熟叶片着生姿态向上，窄椭圆形，绿色程度浅到中，横切面内折，上表面隆起性无或弱；花萼外部无茸毛，花冠直径小到中，内轮花瓣颜色为白色，花柱分裂位置低到中，雌雄蕊等高。
品质特征	适制绿茶。制绿茶花香浓郁、浓厚鲜爽、水中香显。春季一芽二叶水浸出物含量40.2.%，茶多酚含量20.1%，氨基酸含量4.3%，咖啡碱含量3.4%。
适宜区域	适宜在福建福安及与其气候相似地区种植。

福建省

皇冠茶

Camellia sinensis（L.）O. Kuntze 'Huangguancha'

申 请 号	20150216.9
申 请 日	2015年2月7日
品种权号	CNA20150216.9
授 权 日	2020年9月30日
公 告 号	CNA015939G
品种权人	福建省农业科学院茶叶研究所
培 育 人	陈常颂　林郑和　游小妹　钟秋生　王秀萍
品种来源	从'白鸡冠'开放授粉后代中，经单株选育而成的新梢黄化品种。
登记情况	GPD茶树（2023）350038
形态特征	植株生长势弱，树型灌木型，树姿半开张；春季新梢一芽一叶始期早到中，一芽二叶期第2叶颜色为黄绿色，芽茸毛密度中，叶柄基部无花青苷显色；成熟叶片着生姿态向上，窄椭圆形，绿色程度浅，横切面内折，上表面隆起性中；花萼外部无茸毛，花冠直径小，内轮花瓣颜色为白色，花柱分裂位置高，雌蕊高于雄蕊。
品质特征	适制绿茶。制烘青绿茶花香较显，滋味鲜醇。春季一芽二叶水浸出物含量42.4%，茶多酚含量17.0%，氨基酸含量5.0%，咖啡碱含量3.8%。
适宜区域	适宜在福建福安及与其气候相似地区种植。

福建省

23

乐冠茶

Camellia sinensis（L.）O. Kuntze 'Leguancha'

申 请 号 20172035.2

申 请 日 2017年8月1日

品种权号 CNA20172035.2

授 权 日 2023年5月24日

公 告 号 CNA026893G

品种权人 福建省农业科学院茶叶研究所

培 育 人 陈常颂　王秀萍　陈志辉　游小妹　余文权

品种来源 从'白鸡冠'开放授粉后代中，经单株选育而成的新梢黄化品种。

登记情况 未登记

形态特征 植株生长势中，树型灌木型到小乔木型，树姿直立到半开张；新梢一芽一叶始期中到晚，一芽二叶期第2叶颜色为黄绿色，芽茸毛密度稀，叶柄基部无花青苷显色；成熟叶片着生姿态向上，窄椭圆形，绿色程度中，横切面内折，上表面隆起性无或弱；花萼外部无茸毛，花冠直径极小到小，内轮花瓣颜色为白色，花柱分裂位置高，雌蕊高于雄蕊。

品质特征 适制绿茶和乌龙茶。制绿茶杏仁香或嫩香、滋味鲜醇较爽；或花香显、味鲜醇、稍带花香。制乌龙茶有花香、味较醇；或香较细腻，味浓。春季一芽二叶水浸出含量41.4%、茶多酚含量20.6%、氨基酸含量3.9%、咖啡碱含量3.5%。

适宜区域 适宜在福建福安及与其气候相似地区种植。

福建省

茗冠茶

Camellia sinensis（L.）O. Kuntze 'Mingguancha'

申 请 号	20172037.0
申 请 日	2017年8月1日
品种权号	CNA20172037.0
授 权 日	2023年5月24日
公 告 号	CNA026895G
品种权人	福建省农业科学院茶叶研究所
培 育 人	陈常颂　王秀萍　林郑和　钟秋生　单睿阳
品种来源	从'白鸡冠'开放授粉后代中，经单株选育而成的新梢黄化品种。
登记情况	GPD茶树（2023）350039
形态特征	植株生长势弱到中，树型灌木型，树姿半开张；春季新梢一芽一叶始期早到中，一芽二叶期第2叶颜色为黄绿色，芽茸毛密度稀到中，叶柄基部无花青苷显色；成熟叶片着生姿态向上，披针形，绿色程度浅，横切面内折，上表面隆起性中；花萼外部无茸毛，花冠直径极小到小，内轮花瓣颜色为白色，花柱分裂位置高，雌蕊高于雄蕊。
品质特征	适制绿茶、乌龙茶、红茶、白茶。制绿茶外形黄绿尚润，汤色嫩绿清澈，香气花香显露，滋味清鲜，叶底绿白相间、较匀；或嫩香稍带花香，味鲜醇带花香；或花香浓郁、味醇厚鲜爽水中香显。制乌龙茶香高雅持久，汤中香显、味醇爽。制白茶香高锐，汤中香显，味醇厚。制红茶条紧细、毫较显、色较乌润，汤色红亮，甜香带花香、持久，味鲜醇稍带花香，叶底黄亮、均匀。春季一芽二叶水浸出物含量39.1%，茶多酚含量18.5%，氨基酸含量5.2%，咖啡碱含量3.9%。
适宜区域	适宜在福建福安及与其气候相似地区种植。

福建省

27

茗铁0319

Camellia sinensis（L.）O. Kuntze 'Mingtie 0319'

申 请 号	20151734.0
申 请 日	2015年12月3日
品种权号	CNA20151734.0
授 权 日	2020年9月30日
公 告 号	CNA015947G
品种权人	福建省农业科学院茶叶研究
培 育 人	陈常颂　钟秋生　王秀萍　单睿阳　游小妹
品种来源	从'铁观音'开放授粉后代中，经单株选育而成。
登记情况	GPD茶树（2023）350037
形态特征	植株生长势中，树型灌木型，树姿开张；新梢一芽一叶始期早到中，一芽二叶期第2叶颜色为中等绿色，芽茸毛密度密，叶柄基部无花青苷显色；成熟叶片着生姿态向上到水平，窄椭圆形，绿色程度中，横切面平，上表面隆起性中；花萼外部无茸毛，花冠直径小到中，内轮花瓣颜色为白色，花柱分裂位置高，雌蕊高于雄蕊。
品质特征	适制乌龙茶和绿茶。制乌龙茶香气清幽高长，滋味醇厚；制绿茶香气嫩香、板栗香，滋味鲜醇爽。春季一芽二叶水浸出物含量45.9%，茶多酚含量18.0%，氨基酸含量4.6%，咖啡碱含量3.9%。
适宜区域	适宜在福建福安及与其气候相似地区种植。

广东省

白月香

Camellia sinensis（L.）O. Kuntze 'Baiyuexiang'

申 请 号	20182381.1
申 请 日	2018年7月12日
品种权号	CNA20182381.1
授 权 日	2023年5月24日
公 告 号	CNA026921G
品种权人	广东省农业科学院茶叶研究所
培 育 人	乔小燕　黄华林　操君喜　李　波　李家贤　何玉媚
品种来源	从'岭头单丛'开放授粉后代中，经单株选育而成。
登记情况	未登记
形态特征	植株生长势中到强，树型小乔木型，树姿半开张；新梢一芽一叶始期中，一芽二叶期第2叶颜色为中等绿色，芽茸毛密度极稀到稀，叶柄基部无花青苷显色；成熟叶片着生姿态向上，窄椭圆形，绿色程度浅，横切面内折，上表面隆起性无或弱；花萼外部无茸毛，花冠直径极小到小，内轮花瓣颜色为白色，花柱分裂位置高，雌蕊高于雄蕊。
品质特征	适制乌龙茶和红茶。制作乌龙茶色泽乌润，汤色蜜黄清澈明亮、香气花香浓郁、滋味醇厚滑爽、叶底软亮；制作红茶色泽乌黑油润紧细，汤色红明亮、花蜜持久、滋味鲜醇、叶底红明亮。春季红茶一芽二叶水浸出物含量37.3%，茶多酚含量19.6%，氨基酸含量3.5%，咖啡碱含量1.3%。
适宜区域	适宜在华南茶区的偏酸性土壤地区种植。

广东省

31

丹妃

Camellia sinensis（L.）O. Kuntze 'Danfei'

申 请 号	20171169.2
申 请 日	2017年5月1日
品种权号	CNA20171169.2
授 权 日	2023年3月7日
公 告 号	CNA024380G
品种权人	广东省农业科学院茶叶研究所
培 育 人	吴华玲 操君喜 黄华林 李家贤 方开星 姜晓辉 李 波 何玉媚 秦丹丹
品种来源	从'凤凰水仙'有性群体自然变异单株中，经单株选育而成。
登记情况	未登记
形态特征	植株生长势中，树型灌木型到小乔木型，树姿直立；新梢一芽一叶始期中，一芽二叶期第2叶颜色为紫绿色，芽无茸毛，叶柄基部有花青苷显色；成熟叶片着生姿态向上，中等椭圆形，绿色程度深，横切面内折，上表面隆起性无或弱；花萼外部无茸毛，花冠直径大，内轮花瓣颜色为白色，花柱分裂位置高，雌蕊高于雄蕊。
品质特征	适制绿茶和白茶。制绿茶外形乌紫光润、紧结，茶汤紫红透亮，花香栗香浓郁带果香，滋味鲜爽甜醇稍带涩味，叶底呈蓝绿色；制白茶，花果甜香浓郁高长，滋味甜醇鲜爽，花果香浓郁。春季一芽二叶水浸出物含量43.6%，茶多酚含量26.5%，氨基酸含量3.2%，咖啡碱含量4.3%，花青素含量2.4%。
适宜区域	适宜在华南茶区及与其气候相似地区种植。

丹霞8号

Camellia sinensis var. *pubilimba* Chang'Danxia 8'

申 请 号	20171341.3
申 请 日	2017年5月31日
品种权号	CNA20171341.3
授 权 日	2023年3月7日
公 告 号	CNA024381G
品种权人	广东省农业科学院茶叶研究所；陈栋；李助明；王金焕
培 育 人	陈　栋　吴华玲　姜晓辉　李助明　王金焕　操君喜　乔小燕　方开星　秦丹丹
品种来源	从仁化白毛茶群体自然变异单株中经单株选育而成。
登记情况	未登记
形态特征	植株生长势强，树型小乔木型，树姿半开张；新梢一芽一叶始期中到晚，一芽二叶期第2叶颜色为浅绿色，芽茸毛密度密，叶柄基部无花青苷显色；成熟叶片着生姿态水平，披针形，绿色程度中，横切面内折，上表面隆起性无或弱；花萼外部有茸毛，花冠直径中到大，内轮花瓣颜色为白色，花柱分裂位置高，雌雄蕊等高。
品质特征	适制红茶和白茶。制红茶，条索紧细匀整有锋苗，金毫满披，复合玫瑰香带药香浓郁持久，滋味浓爽鲜爽，汤色深红明亮；制白茶，芽尖纤直，白毫洁白满披，汤色杏黄明亮，滋味甜醇鲜爽、馥郁芬芳显玉兰花香。春季一芽二叶水浸出物含量49.5%，茶多酚含量22.1%，氨基酸含量4.0%，咖啡碱含量3.2%。
适宜区域	适宜在华南茶区及与其气候相似地区种植。

广东省

华农181

Camellia sinensis(L.) O. Kuntze 'Huanong 181'

申 请 号	20191003208
申 请 日	2019年7月4日
品种权号	CNA20191003208
授 权 日	2020年7月27日
公 告 号	CNA015262G
品种权人	华南农业大学
培 育 人	黄亚辉　曾　贞　晏嫦妤　李　丹　张钰乾
品种来源	从粤北连州茶树群体种开放授粉后代中，经单株选育而成的优质高产耐寒品种。
登记情况	未登记
形态特征	植株生长势强，树型小乔木型，树姿半开张；新梢一芽一叶期中，一芽二叶期第2叶颜色为浅绿色，芽茸毛密度稀，叶柄基部无花青苷显色；成熟叶片着生姿态向上，窄椭圆形，绿色程度中，横切面内折，上表面隆起性无或弱；花萼外部无茸毛，花冠直径小到中，内轮花瓣颜色为浅绿色，花柱分裂位置高，雌蕊略低于雄蕊。
品质特征	适制红茶和绿茶。制红条茶，香气高长、花果香明显、滋味醇厚；制烘青绿茶外形紧细有毫、色泽翠绿，汤色黄绿明亮，香气清远，滋味鲜爽，叶底嫩绿。春季一芽二叶水浸出物含量44.4%，茶多酚含量30.9%，氨基酸含量3.7%。
适宜区域	适宜在华南茶区和江南茶区种植。

广东省

可可茶1号

Camellia ptilophylla Hung T. Chang 'Kekecha 1'

申 请 号 20070023
申 请 日 2007年5月28日
品种权号 20080020
授 权 日 2008年12月2日
公 告 号 809
品种权人 中山大学生命科学学院；广东省农业科学院茶叶研究所
培 育 人 叶创兴　李家贤　彭　力　何玉媚　石祥刚　黄华林　宋晓虹　苗爱清　赵超艺　吴家尧　陈　栋　袁长春　郑新强
品种来源 从广东南昆山毛叶茶群体种中，经单株选育而成的天然无咖啡碱特异品种。
登记情况 未登记
品质特征 适制乌龙茶和红茶。制乌龙茶，具花果香，馥郁丰富，汤色金黄明亮，滋味醇浓爽口，回甘持久；制红茶，条索紧结粗壮，油润度好，满身披毫，具有独特花果香，芬芳持久，汤色红浓明亮，滋味浓厚鲜强。春季一芽二叶水浸出物含量55.4%，茶多酚含量19.9%，氨基酸含量2.7%，咖啡碱未检出，可可碱含量4.5%。
适宜区域 适宜在华南茶区及气候相似地区种植。

广东省

可可茶2号

Camellia ptilophylla Hung T. Chang 'Kekecha 2'

申 请 号	20070024
申 请 日	2007年5月28日
品种权号	20080021
授 权 日	2008年12月2日
公 告 号	809
品种权人	广东省农业科学院茶叶研究所；中山大学生命科学学院
培 育 人	李家贤　叶创兴　何玉媚　彭　力　黄华林　石祥刚　苗爱清　宋晓虹　赵超艺　吴家尧　陈　栋　袁长春　郑新强
品种来源	从广东南昆山毛叶茶群体种中，经单株选育而成的天然无咖啡碱特异品种。
登记情况	未登记
品质特征	适制红茶。制红茶汤色红艳明亮，具果香，滋味浓强鲜爽。春季一芽二叶水浸出物含量55.2%，茶多酚含量24.5%，氨基酸含量2.0%，咖啡碱未检出，可可碱含量4.5%
适宜区域	适宜在华南茶区及与其气候相似地区种植。

广东省

41

龙源1号

Camellia sinensis（L.）O. Kuntze 'Longyuan 1'

申 请 号	20160414.8
申 请 日	2016年3月25日
品种权号	CNA20160414.8
授 权 日	2023年5月24日
公 告 号	CNA026889G
品种权人	华南农业大学
培 育 人	刘少群　戚　超　姚新容
品种来源	从广东罗浮山茶树群体种中，经单株选育而成。
登记情况	未登记
形态特征	植株生长势中，树型灌木型，树姿半开张；新梢一芽一叶始期中到晚，一芽二叶期第2叶颜色为中等绿色，芽茸毛密度稀，叶柄基部无花青苷显色；成熟叶片着生姿态向上，中等椭圆形，绿色程度中，横切面内折，上表面隆起性无或弱；花萼外部无茸毛，花冠直径极小到小，内轮花瓣颜色为白色，花柱分裂位置高，雌蕊高于雄蕊。
品质特征	适制绿茶。制作客家炒茶，回甘力强，锅香味浓郁。春季一芽二叶水浸出物含量40.6%，茶多酚含量29.8%，氨基酸含量2.7%，咖啡碱含量4.0%。
适宜区域	适宜在华南茶区广东的偏酸性土壤地区种植。

广东省

43

龙源2号

Camellia sinensis（L.）O. Kuntze 'Longyuan 2'

申 请 号	201604145.7
申 请 日	2016年3月25日
品种权号	CNA20160415.7
授 权 日	2023年5月24日
公 告 号	CNA026890G
品种权人	华南农业大学
培 育 人	刘少群　姚新容　戚　超
品种来源	从广东罗浮山茶树群体种中，经单株选育而成。
登记情况	未登记
形态特征	植株生长势中，树型灌木型，树姿半开张；新梢一芽一叶始期中，一芽二叶期第2叶颜色为中等绿色，芽茸毛密度稀，叶柄基部有花青苷显色；成熟叶片着生姿态向上，窄椭圆形，绿色程度中到深，横切面内折，上表面隆起性无或弱；花萼外部无茸毛，花冠直径极小到小，内轮花瓣颜色为粉红色，花柱分裂位置中，雌蕊高于雄蕊。
品质特征	适制绿茶。制作客家炒茶，回甘力强，汤色微带紫红色，锅香味明显，微带药香。春季一芽二叶水浸出物含量40.2%，茶多酚含量28.9%，氨基酸含量2.3%，咖啡碱含量4.3%。
适宜区域	适宜在华南茶区广东的偏酸性土壤地区种植。

广东省

45

一派香

Camellia sinensis（L.）O. Kuntze 'Yipaixiang'

申 请 号	20170466.4
申 请 日	2017年3月2日
品种权号	CNA20170466.4
授 权 日	2023年3月7日
公 告 号	CNA024379G
品种权人	广东省农业科学院茶叶研究所
培 育 人	苗爱清　马成英　陈　维　操君喜　庞　式
品种来源	从重庆巫山骡坪镇茶树群体种中，经单株选育而成。
登记情况	未登记
形态特征	植株生长势中到强，树型灌木型，树姿半开张；新梢一芽一叶始期中，一芽二叶期第2叶颜色为紫绿色，芽茸毛密度中到密，叶柄基部无花青苷显色；成熟叶片着生姿态向上，中等椭圆形，绿色程度中，横切面内折，上表面隆起性无或弱；花萼外部无茸毛，花冠直径小，内轮花瓣颜色为白色，花柱分裂位置高，雌蕊低于雄蕊。
品质特征	适制绿茶。制作烘青绿茶色泽黄绿明亮显毫有峰苗，汤色黄绿明亮，香气清高、有五指毛桃香，滋味浓醇鲜爽带五指毛桃味，叶底嫩厚成朵玉白隐绿。春茶一芽二叶水浸出物含量38.3%，茶多酚含量22.6%，氨基酸含量2.7%，咖啡碱含量3.9%。
适宜区域	适宜在全国茶区的偏酸性土壤地区种植。

广东省

47

粤茶3号

Camellia sinensis var. *pubilimba* Chang 'Yuecha 3'

申 请 号	20173225.0
申 请 日	2017年11月23日
品种权号	CNA20173225.0
授 权 日	2023年5月24日
公 告 号	CNA026905G
品种权人	华南农业大学
培 育 人	覃松林　刘少群　代风铃　陈晓滨
品种来源	从广西'凌云白毫'开放授粉后代中，经单株选育而成。
登记情况	未登记
形态特征	植株生长势中，树型灌木型到小乔木型，树姿半开张；新梢一芽一叶始期中，一芽二叶期第2叶颜色为浅绿色，芽茸毛密度中到密，叶柄基部无花青苷显色；成熟叶片着生姿态向上到水平，披针形，绿色程度中，横切面平，上表面隆起性无或弱；花萼外部有茸毛，花冠直径大到极大，内轮花瓣颜色为白色，花柱分裂位置高，雌雄蕊等高。
品质特征	适制绿茶、红茶、白茶。制绿茶条索紧实显毫，汤色碧绿清澈，豆香纯正持久，滋味鲜爽回甘，叶底嫩绿明亮；制红茶微带蜜糖香；制白茶毫毛显。春季一芽二叶水浸出物含量41.2%，茶多酚含量29.7%，氨基酸含量2.9%，咖啡碱含量3.9%。
适宜区域	适宜在华南茶区广东、广西及与其气候相似地区种植。

广东省

粤茶4号

Camellia sinensis var. *pubilimba* Chang 'Yuecha 4'

申 请 号	20173224.1
申 请 日	2017年11月23日
品种权号	CNA20173224.1
授 权 日	2023年5月24日
公 告 号	CNA026904G
品种权人	华南农业大学
培 育 人	刘少群　覃松林　罗家港　蔡喜荣
品种来源	从广东仁化白毛群体种中，经单株选育而成。
登记情况	未登记
形态特征	植株生长势中到强，树型灌木型到小乔木型，树姿半开张；新梢一芽一叶始期在中到晚，一芽二叶期第2叶颜色为中等绿色，芽茸毛密度稀，叶柄基部无花青苷显色；成熟叶片着生姿态向上，中等椭圆形，绿色程度深，横切面内折，上表面隆起性无或弱；花萼外部无茸毛，花冠直径中，内轮花瓣颜色为白色，花柱分裂位置中，雌蕊高于雄蕊。
品质特征	适制绿茶和红茶。制炒青绿茶条索紧结，色泽墨绿显毫，汤色黄绿明亮，嫩香清高持久带花香，滋味鲜爽回甘，叶底黄绿明亮；制红茶条索紧细显锋苗、带金毫，汤色橙红透亮，香气呈花果香、清高持久，滋味鲜爽醇厚、有回甘，叶底柔嫩明亮。春季一芽二叶水浸出物含量42.3%，茶多酚含量24.0%，氨基酸含量3.3%，咖啡碱含量3.4%。
适宜区域	适宜在华南茶区广东及与其气候相似地区种植。

广东省

51

粤茗1号

Camellia sinensis var. *assamica*（Masters）Kitamura 'Yueming 1'

申 请 号	20181230.6
申 请 日	2018年4月18日
品种权号	CNA20181230.6
授 权 日	2019年5月24日
公 告 号	CNA012892G
品种权人	广东省农业科学院茶叶研究所
培 育 人	吴华玲　方开星　姜晓辉　秦丹丹　黄华林　操君喜　李　波　李红建　潘晨东
品种来源	从肯尼亚大叶群体中，经单株选育而成。
登记情况	未登记
品质特征	适制红茶。制红茶外形紧结壮实，乌润显毫，汤色红艳明亮，麝香浓郁持久，滋味甜醇浓厚。春季一芽二叶水浸出物含量40.4%，茶多酚含量24.4%，氨基酸含量4.4%，咖啡碱含量3.1%。
适宜区域	适宜在华南茶区及与其气候相似地区种植。

广东省

粤茗2号

Camellia sinensis var. *assamica*（Masters）Kitamura'Yueming 2'

申 请 号	20181231.5
申 请 日	2018年4月18日
品种权号	CNA20181231.5
授 权 日	2019年5月24日
公 告 号	CNA012893G
品种权人	广东省农业科学院茶叶研究所
培 育 人	吴华玲　黄华林　李红建　操君喜　姜晓辉　方开星　李　波　乔小燕　秦丹丹　潘晨东
品种来源	以'英红1号'和'乐昌白毛茶'为亲本，经杂交选育而成。
登记情况	未登记
品质特征	适制红茶。制红茶外形紧结乌润，芽尖显毫，汤色红亮，甜香薄荷气细长持久，滋味浓厚鲜爽。春季一芽二叶水浸出物含量41.6%，茶多酚含量19.8%，氨基酸含量3.0%，咖啡碱含量2.3%。
适宜区域	适宜在华南茶区及与其气候相似地区种植。

广东省

粤茗4号

Camellia sinensis var. *assamica*（Masters）Kitamura'Yueming 4'

申 请 号	20181233.3
申 请 日	2018年4月18日
品种权号	CNA20181233.3
授 权 日	2019年5月24日
公 告 号	CNA012894G
品种权人	广东省农业科学院茶叶研究所
培 育 人	吴华玲　操君喜　方开星　黄华林　姜晓辉　李　波　乔小燕　李红建　秦丹丹　潘晨东
品种来源	从'英红1号'和'安溪水仙'杂交后代中，经单株选育而成。
登记情况	未登记
品质特征	适制红茶。制红茶外形紧结、乌润匀整，花甜香、微薄荷气清长持久，滋味清甜，带阿萨姆风格，浓醇鲜爽饱满，汤色橙红清澈明亮。春季一芽二叶水浸出物含量51.2%，茶多酚含量21.5%，氨基酸含量4.2%，咖啡碱含量3.8%。
适宜区域	适宜在华南茶区及与其气候相似地区种植。

广东省

粤茗5号

Camellia sinensis var. *pubilimba* Chang 'Yueming 5'

申 请 号	20183466.7
申 请 日	2018年10月29日
品种权号	CNA20183466.7
授 权 日	2023年5月24日
公 告 号	CNA026923G
品种权人	广东省农业科学院茶叶研究所
培 育 人	吴华玲　方开星　姜晓辉　李　波　秦丹丹　操君喜　李红建　黄华林　潘晨东
品种来源	从'凌云白毫'茶树群体种中，经单株选育而成。
登记情况	未登记
形态特征	植株生长势中到强，树型小乔木型，树姿半开张到开张；新梢一芽一叶始期晚，一芽二叶期第2叶颜色为浅绿色，芽茸毛密度密，叶柄基部无花青苷显色；成熟叶片着生姿态向上，窄椭圆形，绿色程度中，横切面内折，上表面隆起性中；花萼外部无茸毛，花冠直径小，内轮花瓣颜色为白色，花柱分裂位置中到高，雌蕊高于雄蕊。
品质特征	适制红茶和白茶。制红茶甜香花香浓郁，滋味鲜爽醇厚；制白茶毫香花香浓郁，鲜醇清甜。春季一芽二叶水浸出物含量48.6%，茶多酚含量28.7%，氨基酸含量8.7%，咖啡碱含量2.6%。
适宜区域	适宜在华南茶区及与其气候相似地区种植。

广东省

粤茗7号

Camellia sinensis（L.）O. Kuntze 'Yueming 7'

申 请 号	20183467.6
申 请 日	2018年10月29日
品种权号	CNA20183467.6
授 权 日	2023年5月24日
公 告 号	CNA026924G
品种权人	广东省农业科学院茶叶研究所
培 育 人	吴华玲　方开星　姜晓辉　李红建　秦丹丹　操君喜　李家贤　黄华林　何玉媚　潘晨东　李　波
品种来源	从'祁门种'和'英红2号'杂交后代中，经单株选育而成。
登记情况	未登记
形态特征	植株生长势中到强，树型小乔木型，树姿半开张；新梢一芽一叶始期中，一芽二叶期第2叶颜色为浅绿色，芽茸毛密度稀，叶柄基部无花青苷显色；成熟叶片着生姿态向上，中等椭圆形，绿色程度中，横切面内折，上表面隆起性强；花萼外部无茸毛，花冠直径小到中，内轮花瓣颜色为白色，花柱分裂位置高，雌雄蕊等高。
品质特征	适制红茶。制红茶外形紧结、乌润匀整，甜香带花香，滋味醇和，汤色橙红明亮。春季一芽二叶水浸出物含量40.2%，茶多酚含量19.9%，氨基酸含量2.9%，咖啡碱含量3.4%。
适宜区域	适宜在华南茶区及与其气候相似地区种植。

广东省

61

长叶香

Camellia sinensis（L.）O. Kuntze 'Changyexiang'

申 请 号	20182382.0
申 请 日	2018年7月12日
品种权号	CNA20182382.0
授 权 日	2023年5月24日
公 告 号	CNA026922G
品种权人	广东省农业科学院茶叶研究所
培 育 人	乔小燕　黄华林　李　波　操君喜　唐劲驰　李家贤　何玉媚
品种来源	从广东'凤凰水仙'群体种中，经单株选育而成。
登记情况	未登记
形态特征	植株生长势中，树型小乔木型，树姿半开张；新梢一芽一叶始期中到晚，一芽二叶期第2叶颜色为浅绿色，芽茸毛密度极稀，叶柄基部无花青苷显色；成熟叶片着生姿态向上，窄椭圆形，绿色程度中，横切面内折，上表面隆起性无或弱；花萼外部无茸毛，花冠直径大到极大，内轮花瓣颜色为白色，花柱分裂位置高，雌蕊高于雄蕊。
品质特征	适制乌龙茶和红茶。制乌龙茶色泽乌润壮结，汤色蜜黄清澈明亮、香气优雅纯正、滋味醇厚滑爽、叶底肥厚软亮；制红茶色泽乌黑油润紧结，汤色红明亮、香气甜香、滋味鲜醇、叶底红明亮。春茶红茶一芽二叶水浸出物含量36.3%，茶多酚含量17.5%，氨基酸含量3.7%，咖啡碱含量5.9%。
适宜区域	适宜在华南茶区的偏酸性土壤地区种植。

广东省

63

广西壮族自治区

多耶楼1号

Camellia sinensis（L.）O. Kuntze 'Duoyelou 1'

申 请 号	20191000310
申 请 日	2019年2月13日
品种权号	CNA20191000310
授 权 日	2022年5月10日
公 告 号	CNA020712G
品种权人	三江侗族自治县多耶楼茶业有限公司；中国农业科学院茶叶研究所
培 育 人	赖定清　陈　亮　廖寅平　马春雷　葛智文　金基强　马建强　赖安国
品种来源	从广西三江县茶树群体种中经单株选育而成。
登记情况	未登记
形态特征	植株生长势弱到中，树型灌木型，树姿半开张；新梢一芽一叶始期晚，一芽二叶期第2叶颜色为紫绿色，芽茸毛密度稀，叶柄基部有花青苷显色；成熟叶片着生姿态向上，中等椭圆形，绿色程度中到深，横切面平，上表面隆起性无或弱；花萼外部无茸毛，花冠直径小到中，内轮花瓣颜色为粉红色，花柱分裂位置高，雌蕊略高于雄蕊。
品质特征	适制红茶。制作红茶汤色红亮，滋味甘醇，花果香，叶底红润匀整。
适宜区域	适宜在华南茶区种植。

广西壮族自治区

多耶楼2号

Camellia sinensis（L.）O. Kuntze 'Duoyelou 2'

申 请 号	20191000309
申 请 日	2019年2月13日
品种权号	CNA20191000309
授 权 日	2022年5月10日
公 告 号	CNA020711G
品种权人	三江侗族自治县多耶楼茶业有限公司；中国农业科学院茶叶研究所
培 育 人	赖定清　陈　亮　葛智文　金基强　廖寅平　马建强　马春雷　赖安国
品种来源	从广西三江县茶树群体种中，经单株选育而成。
登记情况	未登记
形态特征	植株生长势中，树型灌木型，树姿直立到半开张；新梢一芽一叶始期早，一芽二叶期第2叶颜色为浅绿色，芽茸毛密度稀，叶柄基部有花青苷显色；成熟叶片着生姿态向上，披针形，绿色程度浅到中，横切面内折，上表面隆起性无或弱；花萼外部无茸毛，花冠直径小到中，内轮花瓣颜色为白色，花柱分裂位置中，雌雄蕊等高。
品质特征	适制绿茶、红茶和白茶。制绿茶色泽嫩绿，清澈明亮，豆花香，滋味鲜爽；制红茶汤色金黄明亮，滋味醇和，有乳香，叶底匀整；制白茶汤色淡雅，滋味甘甜，有乳香。春季一芽二叶水浸出物含量45.2%，茶多酚含量24.2%，氨基酸含量5.3%，咖啡碱含量3.4%。
适宜区域	适宜在华南茶区种植。

广西壮族自治区

多耶楼3号

Camellia sinensis（L.）O. Kuntze 'Duoyelou 3'

申 请 号	20201007465
申 请 日	2020年12月22日
品种权号	CNA20201007465
授 权 日	2023年12月29日
公 告 号	CNA031415G
品种权人	三江侗族自治县多耶楼茶业有限公司；中国农业科学院茶叶研究所
培 育 人	赖定清　陈　亮　覃秀菊　马建强　赖安国　马春雷　杨　慈　罗小梅　邱勇娟
品种来源	从广西三江茶树群体种中，经单株选育而成。
登记情况	未登记
形态特征	植株生长势中，树型灌木型，树姿半开张；新梢一芽一叶始期早，一芽二叶期第2叶颜色为浅绿色，芽茸毛密度稀，叶柄基部有花青苷显色；成熟叶片着生姿态向上，披针形，绿色程度中，横切面内折，上表面隆起性无或弱；花萼外部无茸毛，花冠直径中到大，内轮花瓣颜色为粉红色，花柱分裂位置低到中，雌雄蕊等高。
品质特征	适制绿茶和红茶。制绿茶汤色深绿明亮，滋味鲜爽，条索紧结，香气高锐；制红茶汤色红艳，滋味甘和，花果香，叶底匀整。春茶一芽二叶水浸出物含量45.1%，茶多酚含量25.4%，氨基酸含量3.8%，咖啡碱含量4.7%。
适宜区域	适宜在华南茶区种植。

广西壮族自治区

多耶楼15号

Camellia sinensis（L.）O. Kuntze 'Duoyelou 15'

申 请 号	20201007466
申 请 日	2020年12月22日
品种权号	CNA20201007466
授 权 日	2023年12月29日
公 告 号	CNA031416G
品种权人	三江侗族自治县多耶楼茶业有限公司；中国农业科学院茶叶研究所
培 育 人	赖定清　陈　亮　赖安国　金基强　梁　雨　马春雷　廖凤星　马建强　吴方翔
品种来源	从广西三江茶树群体种中，经单株选育而成。
登记情况	未登记
形态特征	植株生长势中，树型灌木型，树姿半开张；新梢一芽一叶始期中，一芽二叶期第2叶颜色为中等绿色，芽茸毛密度稀，叶柄基部无花青苷显色；成熟叶片着生姿态向上，中等椭圆形，绿色程度中，横切面平，上表面隆起性无或弱；花萼外部无茸毛，花冠直径中，内轮花瓣颜色为白色，花柱分裂位置高，雌雄蕊等高。
品质特征	适制绿茶和红茶。制绿茶外形黛绿色、条索紧结，泡开成花朵状，汤色深绿明亮，滋味鲜爽，栗香高锐。制红茶汤色红艳，滋味醇厚，花果香，叶底匀整。
适宜区域	适宜在华南茶区种植。

广西壮族自治区

凌龙香1号

Camellia sinensis var. *pubilimba* Chang 'Linglongxiang 1'

申 请 号	20211006923
申 请 日	2021年10月16日
品种权号	CNA20211006923
授 权 日	2024年4月12日
公 告 号	CNA032756G
品种权人	广西南亚热带农业科学研究所
培 育 人	韦锦坚　韦持章　农玉琴　陈远权　陆金梅　陈海生　陈　杏　骆妍妃　覃宏宇　覃潇敏　李金婷　阳景阳　廖春文　梁贤智　吴琴斯
品种来源	从广西'凌云白毫'群体种中，经单株选育而成。
登记情况	GPD茶树（2024）450011（亦名'凌龙1号'）
形态特征	植株生长势中到强，树型小乔木型，树姿半开张；新梢一芽一叶始期中，一芽二叶期第2叶颜色为浅绿色，芽茸毛密度密，叶柄基部无花青苷显色；成熟叶片着生姿态向上，披针形，绿色程度中，横切面平，上表面隆起性强；花萼外部有茸毛，花冠直径极小到小，内轮花瓣颜色为浅绿色，花柱分裂位置高，雌蕊低于雄蕊。
品质特征	适制绿茶。制烘青绿茶，外形紧结、略卷曲、褐绿披毫，汤色黄、尚明，香气尚清高、略有嫩香、略有毫香，滋味较醇爽、微青、略涩，叶底厚、软匀、有芽、绿。春季一芽二叶水浸出物含量49.1%，茶多酚含量21.6%，氨基酸含量2.8%，咖啡碱含量4.0%。
适宜区域	适宜在广西茶区种植。

广西壮族自治区

贵州省

高原绿

Camellia sinensis（L.）O. Kuntze 'Gaoyuanlv'

申 请 号	20141406.8
申 请 日	2014年12月5日
品种权号	CNA20141406.8
授 权 日	2020年9月30日
公 告 号	CNA015932G
品种权人	贵州省茶叶研究所
培 育 人	鄢东海 刘声传 魏 杰 陈 娟 郭 燕 张小琴 崔晓明 刘红梅 王 英 令狐昌弟
品种来源	从贵州'湄潭苔茶'群体种中，经单株选育而成。
登记情况	未登记
形态特征	植株生长势中到强，树型灌木型到小乔木型，树姿半开张；新梢一芽一叶始期早到中，一芽二叶期第2叶颜色为中等绿色，芽茸毛密度密，叶柄基部无花青苷显色；成熟叶片着生姿态向上，窄椭圆形，绿色程度中，横切面平，上表面隆起性中；花萼外部无茸毛，花冠直径小到中，内轮花瓣颜色为白色，花柱分裂位置中，雌蕊高于雄蕊。
品质特征	适制绿茶。制烘青绿茶，色泽深绿，汤色嫩绿清澈明亮，香气清高、鲜爽，滋味清鲜、甘和，叶底嫩厚、深绿。春季一芽二叶水浸出物含量50.7%，茶多酚含量21.1%，氨基酸含量5.5%，咖啡碱含量2.9%。
适宜区域	适宜在西南茶区贵州遵义及与其气候相似地区种植。

贵州省

格绿

Camellia sinensis（L.）O. Kuntze 'Gelv'

申 请 号	20141407.7
申 请 日	2014年12月5日
品种权号	CNA20141407.7
授 权 日	2020年9月30日
公 告 号	CNA015933G
品种权人	贵州省茶叶研究所
培 育 人	刘声传　鄢东海　魏　杰　郭　燕　陈　娟　崔晓明　罗显阳　陈元安
品种来源	从贵州'都匀毛尖'群体种中，经单株选育而成。
登记情况	未登记
形态特征	植株生长势中到强，树型灌木型，树姿开张；新梢一芽一叶始期早到中，一芽二叶期第2叶颜色为中等绿色，芽茸毛密度密，叶柄基部无花青苷显色；成熟叶片着生姿态向上到水平，窄椭圆形，绿色程度中，横切面平，上表面隆起性中；花萼外部无茸毛，花冠直径大到极大，内轮花瓣颜色为白色，花柱分裂位置高，雌蕊低于雄蕊。
品质特征	适制绿茶。制作烘青绿茶色泽深绿，汤色嫩绿、清澈明亮，香气清高，滋味甘醇、鲜爽，叶底嫩软、深绿。春季一芽二叶水浸出物含量50.4%，茶多酚含量20.5%，氨基酸含量5.7%，咖啡碱含量2.9%。
适宜区域	适宜在西南茶区贵州黔南布依族苗族自治州（以下简称黔南州）、遵义及与其气候相似地区种植。

贵州省

贵绿1号

Camellia sinensis（L.）O. Kuntze 'Guilv 1'

申 请 号	20141411.1
申 请 日	2014年12月5日
品种权号	CNA20141411.1
授 权 日	2020年9月30日
公 告 号	CNA015937G
品种权人	贵州省茶叶研究所
培 育 人	鄢东海　魏　杰　刘声传　陈　娟　张小琴　崔晓明　郭　燕　王　英　罗显阳　陈元安
品种来源	从贵州'都匀毛尖'群体种中，经单株选育而成。
登记情况	未登记
形态特征	植株生长势中，树型灌木型，树姿半开张到开张；新梢一芽一叶始期中，一芽二叶期第2叶颜色为中等绿色，芽茸毛密度中到密，叶柄基部无花青苷显色；成熟叶片着生姿态水平，窄椭圆形，绿色程度浅到中，横切面内折，上表面隆起性无或弱；花萼外部有茸毛，花冠直径中，内轮花瓣颜色为白色，花柱分裂位置中到高，雌雄蕊等高。
品质特征	适制绿茶。制作烘青绿茶色泽深绿，汤色嫩绿、清澈明亮，香气高鲜、微有栗香，滋味清鲜、甘醇，叶底软匀、绿明。春季一芽二叶水浸出物含量51.4%，茶多酚20.2%，氨基酸含量5.4%，咖啡碱含量3.2%。
适宜区域	适宜在西南茶区贵州黔南州、遵义及与其气候相似地区种植。

贵绿2号

Camellia sinensis（L.）O. Kuntze 'Guilv 2'

申 请 号	20141404
申 请 日	2014年12月5日
品种权号	CNA20141404.0
授 权 日	2020年9月30日
公 告 号	CNA015930G
品种权人	贵州省茶叶研究所
培 育 人	鄢东海　魏　杰　刘声传　陈　娟　张小琴　崔晓明　郭　燕　杨　春
品种来源	从贵州贵定'贵定仰旺茶'群体种中，经单株选育而成。
登记情况	未登记
形态特征	植株生长势中，树型灌木型，树姿半开张；新梢一芽一叶始期早到中，一芽二叶期第2叶颜色为中等绿色，芽茸毛密度密，叶柄基部无花青苷显色；成熟叶片着生姿态向上，窄椭圆形，绿色程度中，横切面内折，上表面隆起性无或弱；花萼外部无茸毛，花冠直径大，内轮花瓣颜色为白色，花柱分裂位置高，雌雄蕊等高。
品质特征	适制绿茶。制作烘青绿茶色泽深绿，汤色嫩绿、明亮，香气清鲜、花香显，滋味甘醇、鲜爽，叶底嫩匀、绿明。春季一芽二叶水浸出物含量51.1%，茶多酚含量22.7%，氨基酸含量3.9%，咖啡碱含量2.9%。
适宜区域	适宜在西南茶区贵州黔南州、遵义及与其气候相似地区种植。

贵州省

贵绿3号

Camellia sinensis（L.）O. Kuntze 'Guilv 3'

申 请 号	20141405.9
申 请 日	2014年12月5日
品种权号	CNA20141405.9
授 权 日	2020年9月30日
公 告 号	CNA015931G
品种权人	贵州省茶叶研究所
培 育 人	魏　杰　鄢东海　刘声传　陈　娟　张小琴　崔晓明　郭　燕　刘红梅　王　英　令狐昌弟
品种来源	从贵州湄潭'湄潭苔茶'群体种中，经单株选育而成。
登记情况	未登记
形态特征	植株生长势中，树型灌木型，树姿半开张；新梢一芽一叶始期早到中，一芽二叶期第2叶颜色为中等绿色，芽茸毛密度密，叶柄基部无花青苷显色；成熟叶片着生姿态向上，窄椭圆形，绿色程度深，横切面平，上表面隆起性强；花萼外部无茸毛，花冠直径极小到小，内轮花瓣颜色为白色，花柱分裂位置中到高，雌蕊高于雄蕊。
品质特征	适制绿茶。制作烘青绿茶色泽深绿，汤色嫩绿、较明亮，香气较高鲜，滋味较甘醇、鲜爽，叶底较嫩匀、较绿明。春季一芽二叶水浸出物含量48.6%，茶多酚含量17.5%，氨基酸含量6.2%，咖啡碱含量3.2%。
适宜区域	适宜在西南茶区贵州遵义及与其气候相似地区种植。

贵州省

流芳

Camellia sinensis（L.）O. Kuntze 'Liufang'

申 请 号	20141409.5
申 请 日	2014年12月5日
品种权号	CNA20141409.5
授 权 日	2020年9月30日
公 告 号	CNA015935G
品种权人	贵州省茶叶研究所
培 育 人	刘声传　鄢东海　魏　杰　郭　燕　陈　娟　崔晓明
品种来源	从贵州贵定'贵定仰旺茶'群体种中，经单株选育而成。
登记情况	未登记
形态特征	植株生长势中，树型灌木型到小乔木型，树姿直立到半开张；新梢一芽一叶始期早到中，一芽二叶期第2叶颜色为中等绿色，芽茸毛密度密，叶柄基部无花青苷显色；成熟叶片着生姿态向上到水平，披针形，绿色程度中到深，横切面内折，上表面隆起性中；花萼外部无茸毛，花冠直径中，内轮花瓣颜色为浅绿色，花柱分裂位置高到极高，雌雄蕊等高。
品质特征	适制绿茶。制作烘青绿茶色泽深绿，汤色浅嫩绿、清澈明亮，香气清高、花香显，滋味甘和、鲜爽，叶底较嫩匀、绿。春季一芽二叶水浸出物含量50.7%，茶多酚含量22.9%，氨基酸含量4.0%，咖啡碱含量3.9%。
适宜区域	适宜在西南茶区贵州黔南州、遵义及与其气候相似地区种植。

贵州省

千江月

Camellia sinensis（L.）O. Kuntze 'Qianjiangyue'

申 请 号	20141410.2
申 请 日	2014年12月5日
品种权号	CNA20141410.2
授 权 日	2020年9月30日
公 告 号	CNA015936G
品种权人	贵州省茶叶研究所
培 育 人	鄢东海　魏　杰　刘声传　陈　娟　郭　燕　崔晓明
品种来源	从贵州'湄潭苔茶'群体种中，经单株选育而成的新梢黄化品种。
登记情况	未登记
形态特征	植株生长势中到强，树型灌木型到小乔木型，树姿直立到半开张；新梢一芽一叶始期早到中，一芽二叶期第2叶颜色为黄绿色，芽茸毛密度中，叶柄基部有花青苷显色；成熟叶片着生姿态向上，窄椭圆形，绿色程度中，横切面内折，上表面隆起性中；花萼外部无茸毛，花冠直径小到中，内轮花瓣颜色为白色，花柱分裂位置中，雌蕊高于雄蕊。
品质特征	适制绿茶。制作烘青绿茶色泽玉黄间嫩绿，汤色嫩绿明亮，香气高鲜、略有栗香，滋味甘和、鲜爽，叶底嫩匀、鹅黄隐绿。春季一芽二叶水浸出物含量49.9%，茶多酚含量17.3%，氨基酸含量7.1%，咖啡碱含量3.0%。
适宜区域	适宜在西南茶区贵州遵义及与其气候相似地区种植。

贵州省

黔茶1号

Camellia sinensis（L.）O. Kuntze 'Qiancha 1'

申 请 号 20080571.1

申 请 日 2008年10月24日

品种权号 CNA20080571.1

授 权 日 2016年3月1日

公 告 号 CNA007224G

品种权人 贵州省茶叶研究所

培 育 人 陈正武　王家伦　刘红梅

品种来源 从贵州'湄潭苔茶'群体种中，经单株选育而成。

登记情况 GPD茶树（2019）520007

形态特征 植株生长势强，树型灌木型，树姿开张；新梢一芽一叶始期中，一芽二叶期第2叶颜色为浅绿色，芽茸毛密度中，叶柄基部无花青苷显色；叶片着生姿态向上，窄椭圆形，绿色程度中，横切面背卷，上表面隆起性中；花萼外部无茸毛，花冠直径中，内轮花瓣颜色为白色，花柱分裂位置高，雌雄蕊等高。

品质特征 适制绿茶和红茶。制绿茶外形卷曲、条索紧实、绿润披毫，汤色嫩黄明亮，香气花香显，滋味清鲜甘滑，叶底绿亮显芽；制红茶外形卷曲、条索紧实、显金毫、乌褐润，汤色红明亮，香气清鲜，滋味甘醇，叶底软匀有芽较红亮。春季一芽二叶水浸出物含量45.1%，茶多酚含量17.3%，氨基酸含量4.2%，咖啡碱含量3.8%。

适宜区域 适宜在贵州、广西、湖南、四川及与其气候相似茶区种植。

贵州省

黔茶7号

Camellia sinensis（L.）O. Kuntze 'Qiancha 7'

申 请 号	20080568.1
申 请 日	2008年10月24日
品种权号	CNA20080568.1
授 权 日	2016年1月1日
公 告 号	CNA006978G
品种权人	贵州省茶叶研究所
培 育 人	鄢东海　周富裕　梁远发　陈正武　刘红梅　刘其志　汪桓武
品种来源	从'滇桂'茶树与贵州'湄潭苔茶'群体种自然杂交后代中，经单株选育而成。
登记情况	未登记
形态特征	植株生长势强，树型小乔木型，树姿半开张；新梢一芽一叶始期晚，一芽二叶期第2叶颜色为中等绿色，芽茸毛密度密，叶柄基部无花青苷显色；成熟叶片着生姿态向上，中等椭圆形，绿色程度中，横切面内折，上表面隆起性中；花萼外部有茸毛，花冠直径中，内轮花瓣颜色为白色，花柱分裂位置低，雌蕊高于雄蕊。
品质特征	适制绿茶和乌龙茶。制烘青绿茶色泽尚绿润，汤色较嫩绿明亮，香气高有毫香，滋味浓爽，叶底黄绿较亮；制乌龙茶色泽尚润，汤色浅金黄，香气较纯、偶有花香，滋味浓尚醇，叶底黄绿尚亮。春季一芽二叶水浸出物含量40.4%，茶多酚含量30.4%，氨基酸含量1.8%，咖啡碱含量4.1%。
适宜区域	适宜在贵州遵义和铜仁、福建福安、广东英德、广西桂林及与其气候相似地区种植。

贵州省

黔茶8号

Camellia sinensis（L.）O. Kuntze 'Qiancha 8'

申 请 号	20080572.X
申 请 日	2008年10月24日
品种权号	CNA20080572.X
授 权 日	2016年1月1日
公 告 号	CNA006979G
品种权人	贵州省茶叶研究所
培 育 人	陈正武　王家伦　刘红梅
品种来源	从'昆明中叶种'群体种中，经单株选育而成。
登记情况	GPD茶树（2019）520008
形态特征	植株生长势强，树型小乔木型，树姿半开张；新梢一芽一叶始期中到晚，一芽二叶期第2叶颜色为浅绿色，芽茸毛密度中，叶柄基部无花青苷显色；成熟叶片着生姿态向上，窄椭圆形，绿色程度中，横切面平，上表面隆起性中；花萼外部无茸毛，花冠直径小到中，内轮花瓣颜色为白色，花柱分裂位置高，雌雄蕊等高。
品质特征	适制绿茶。制绿茶外形条索紧细、色泽翠绿油润毫显，汤色嫩绿明亮，香气带花香，滋味鲜爽，叶底嫩绿明亮。春季一芽二叶水浸出物含量43.8%，茶多酚含量16.7%，氨基酸含量4.9%，咖啡碱含量3.4%。
适宜区域	适宜在贵州、湖北、广东、广西及与其气候相似茶区种植。

贵州省

黔辐4号

Camellia sinensis（L.）O. Kuntze 'Qianfu 4'

申 请 号 20080574.6

申 请 日 2008年10月24日

品种权号 CNA20080574.6

授 权 日 2016年1月1日

公 告 号 CNA006981G

品种权人 贵州省茶叶研究所

培 育 人 陈正武　王家伦　刘红梅

品种来源 从 ^{60}Co-γ射线处理的'黔湄419'种子中，经单株选育而成。

登记情况 GPD茶树（2019）520009

形态特征 植株生长势强，树型小乔木型，树姿半开张立；新梢一芽一叶始期晚，一芽二叶期第2叶颜色为浅绿色，芽茸毛密度密，叶柄基部无花青苷显色；成熟叶片着生姿态向上，窄椭圆形，绿色程度中，横切面平，上表面隆起性强；花萼外部有茸毛，花冠直径大，内轮花瓣颜色为白色，花柱分裂位置低，雌雄蕊等高。

品质特征 适制白茶。制白茶芽头肥壮、色白如银，汤色浅杏黄色，滋味清鲜回甘，叶底全芽肥嫩明亮。春季一芽二叶水浸出物含量45.0%，茶多酚含量20.3%，氨基酸含量3.2%，咖啡碱含量5.1%。

适宜区域 适宜在贵州、福建、广东、广西及与其气候相似茶区种植。

贵州省

黔湄809号

Camellia sinensis（L.）O. Kuntze 'Qianmei 809'

申 请 号	20080569.X
申 请 日	2008年10月24日
品种权号	CNA20080569.X
授 权 日	2015年11月1日
公 告 号	CNA006256G
品种权人	贵州省茶叶研究所
培 育 人	李祥明　安永政　鄢东海　周正邦　彭玉雪　周富裕　薄晓鹏　纪德禄
品种来源	从'福鼎大白茶'与'黔湄412'自然杂交后代中，经单株选育而成。
登记情况	未登记
形态特征	植株生长势强，树型小乔木型，树姿半开张；新梢一芽一叶始期中，一芽二叶期第2叶颜色为浅绿色，芽茸毛密度密，叶柄基部无花青苷显色；成熟叶片着生姿态向上，中等椭圆形，绿色程度浅，横切面内折，上表面隆起性强；花萼外部无茸毛，花冠直径大到极大，内轮花瓣颜色为白色，花柱分裂位置中到高，雌蕊高于雄蕊。
品质特征	适制绿茶和红茶。制烘青绿茶色泽绿、肥嫩，汤色黄绿明亮，香气清香，滋味清爽，叶底尚绿；制工夫红茶色泽棕润，汤色红艳明亮，香气浓厚，滋味浓爽，叶底红亮。春季一芽二叶水浸出物含量42.9%，茶多酚含量30.5%，氨基酸含量1.5%，咖啡碱含量3.9%。
适宜区域	适宜在贵州、福建福安、广东英德、广西桂林等及与其气候相似地区种植。

贵州省

苔选0310

Camellia sinensis（L.）O. Kuntze 'Taixuan 0310'

申 请 号	20080570.3
申 请 日	2008年10月24日
品种权号	CNA20080570.3
授 权 日	2016年3月1日
公 告 号	CNA007223G
品种权人	贵州省茶叶研究所
培 育 人	陈正武　王家伦　刘红梅
品种来源	从贵州'湄潭苔茶'群体种中，经单株选育而成。
登记情况	GPD茶树（2019）520010
形态特征	植株生长势强，树型小乔木型，树姿直立；新梢一芽一叶始期中到晚，一芽二叶期第2叶颜色为浅绿色，芽茸毛密度中，叶柄基部无花青苷显色；成熟叶片着生姿态向上，窄椭圆形，绿色程度中，横切面平，上表面隆起性中；花萼外部有茸毛，花冠直径中，内轮花瓣颜色为白色，花柱分裂位置中到高，雌雄蕊等高。
品质特征	适制绿茶和红茶。制烘青绿茶外形条索紧结、略卷曲、略有毫，汤色似嫩黄、清澈明亮；香气高爽、品种甜花香显（似荔枝），滋味尚浓醇较甘鲜，叶底嫩、有芽、尚嫩绿明亮；制红茶外形尚紧结、略卷曲、略有金毫、较乌，汤色红艳明亮；香气较鲜甜、有果香，滋味尚鲜醇、尚鲜，叶底较厚软、红。春季一芽二叶水浸出物含量48.5%，茶多酚含量20.1%，氨基酸含量3.3%，咖啡碱含量4.2%。
适宜区域	适宜在贵州及与其气候相似茶区种植。

贵州省

一味

Camellia sinensis（L.）O. Kuntze 'Yiwei'

申 请 号	20141408.6
申 请 日	2014年12月5日
品种权号	CNA20141408.6
授 权 日	2020年9月30日
公 告 号	CNA015934G
品种权人	贵州省茶叶研究所
培 育 人	陈 娟 鄢东海 魏 杰 刘声传 崔晓明 郭 燕 杨 春
品种来源	从贵州石阡'石阡苔茶'群体种中，经单株选育而成。
登记情况	未登记
形态特征	植株生长势中到强，树型灌木型到小乔木型，树姿半开张；新梢一芽一叶始期早到中，一芽二叶期第2叶颜色为中等绿色，芽茸毛密度密，叶柄基部无花青苷显色；成熟叶片着生姿态向上，窄椭圆形，绿色程度中到深，横切面内折，上表面隆起性无或弱；花萼外部无茸毛，花冠直径大到极大，内轮花瓣颜色为白色，花柱分裂位置中到高，雌雄蕊等高。
品质特征	适制绿茶。制烘青绿茶色泽深绿，汤色嫩绿、清澈明亮，香气清高鲜爽、有花香，滋味甘醇、较鲜爽，叶底软匀、绿稍深。春季一芽二叶水浸出物含量49.0%，茶多酚含量20.5%，氨基酸含量4.7%，咖啡碱含量3.7%。
适宜区域	适宜在西南茶区贵州铜仁、遵义及与其气候相似地区种植。

湖北省

金茗1号

Camellia sinensis（L.）O. Kuntze 'Jinming 1'

申 请 号	20110657.9
申 请 日	2011年9月11日
品种权号	CNA20110657.9
授 权 日	2017年5月1日
公 告 号	CNA008835G
品种权人	湖北省农业科学院果树茶叶研究所
培 育 人	贾尚智　闵彩云　金孝芳　陈　勋　石亚亚
品种来源	从湖北江夏本地茶树群体种中，经单株选育而成。
登记情况	GPD茶树（2020）420020
形态特征	植株生长势中到强，树型灌木型，树姿半开张；春季新梢一芽一叶始期中，一芽二叶期第2叶颜色为中等绿色，芽茸毛密度中，叶柄基部无花青苷显色；成熟叶片着生姿态向上，窄椭圆形，绿色程度深，横切面内折，上表面隆起性无或弱；花萼外部无茸毛，花冠直径小到中，内轮花瓣颜色为浅绿色，花柱分裂位置中，雌雄蕊等高。
品质特征	适制绿茶。制烘青绿茶外形紧细墨绿润有毫，汤色绿明亮，香气清香持久，滋味醇厚、叶底绿尚亮。春季一芽二叶水浸出物含量48.6%，茶多酚含量10.2%，氨基酸含量4.1%，咖啡碱含量2.9%。
适宜区域	适宜在湖北偏酸性土壤地区种植。

湖北省

湖南省

西莲1号

Camellia sinensis（L.）O. Kuntze 'Xilian 1'

申 请 号	20172027.2
申 请 日	2017年8月1日
品种权号	CNA20172027.2
授 权 日	2023年5月24日
公 告 号	CNA026891G
品种权人	湖南省茶叶研究所
培 育 人	唐怀廷　刘　振　杨　阳　赵　洋　杨培迪　梁国强　严重君　成　杨　唐　鹏
品种来源	从'福鼎大白茶'开放授粉后代中，经单株选育而成的三倍体特异茶树品种。
登记情况	GPD茶树（2019）430019
形态特征	植株生长势中到强，树型灌木型到小乔木型，树姿直立到半开张；新梢一芽一叶始期晚，一芽二叶期第2叶颜色为中等绿色，芽茸毛密度中到密，叶柄基部无花青苷显色；成熟叶片着生姿态向上，中等椭圆形，绿色程度中，横切面内折，上表面隆起性无或弱；花萼外部无茸毛，花冠直径中，内轮花瓣颜色为白色，花柱分裂位置中，雌蕊高于雄蕊。
品质特征	适制白茶。制白茶外形毫心肥壮，汤色黄亮，毫香持久，滋味清鲜甜醇，春季一芽二叶水浸出物含量44.6%，茶多酚含量32.9%、氨基酸含量4.6%，咖啡碱含量3.6%。
适宜区域	适宜在江南茶区种植。

江苏省

紫英2号

Camellia sinensis（L.）O. Kuntze 'Ziying 2'

申 请 号	20162501.8
申 请 日	2016年12月29日
品种权号	CNA20162501.8
授 权 日	2023年3月7日
公 告 号	CNA024377G
品种权人	无锡市茶叶品种研究所有限公司；无锡市茶都茶业有限公司
培 育 人	梅菊芬　徐德良　汤茶琴　周静峰　邵元海　王敏鑫
品种来源	从江苏宜兴福鼎有性茶园中，经单株选育而成的新梢紫化品种。
登记情况	未登记
形态特征	植株生长势中，树型灌木型，树姿直立到半开张；新梢一芽一叶始期中，一芽二叶期第2叶颜色为紫绿色，芽茸毛密度中，叶柄基部有花青苷显色；成熟叶片着生姿态向上，窄椭圆形，绿色程度中，横切面平，上表面隆起性无或弱；花萼外部无茸毛，花冠直径小，内轮花瓣颜色为白色，花柱分裂位置高，雌雄蕊等高。
品质特征	适制绿茶，尤适制针形绿茶。制烘青绿茶外形色绿带靛青，汤色浅红紫色，香高带花香，滋味较鲜醇，叶底绿略带紫色。春季一芽二叶水浸出物含量42.5%，茶多酚含量24.3%，氨基酸含量3.5%，咖啡碱含量3.7%，花青素含量0.9%。
适宜区域	适宜在江南茶区的江苏及与其气候相似地区种植。

紫英3号

Camellia sinensis（L.）O. Kuntze 'Ziying 3'

申 请 号	20162502.7
申 请 日	2016年12月29日
品种权号	CNA20162502.7
授 权 日	2023年3月7日
公 告 号	CNA024378G
品种权人	无锡市茶叶品种研究所有限公司；无锡市天地园农业科技有限公司
培 育 人	梅菊芬　徐德良　周静峰　汤茶琴　邵元海　王敏鑫
品种来源	从江苏宜兴福鼎有性茶园中，经单株选育而成的新梢紫化品种。
登记情况	未登记
形态特征	植株生长势中，树型灌木型，树姿直立到半开张；新梢一芽一叶始期中到晚，一芽二叶期第2叶颜色为紫绿色，芽茸毛密度中，叶柄基部有花青苷显色；成熟叶片着生姿态向上，中等椭圆形，绿色程度中，横切面内折，上表面隆起性无或弱；花萼外部无茸毛，花冠直径小，内轮花瓣颜色为白色，花柱分裂位置中，雌雄蕊等高。
品质特征	适制绿茶。制烘青绿茶外形色绿带靛青，汤色紫红，香气带花香，滋味鲜醇，叶底靛紫。春季一芽二叶水浸出物含量47.4%，茶多酚含量24.5%，氨基酸含量4.4%，咖啡碱含量4.2%，花青素含量1.0%。
适宜区域	适宜在江南茶区的江苏及与其气候相似地区种植。

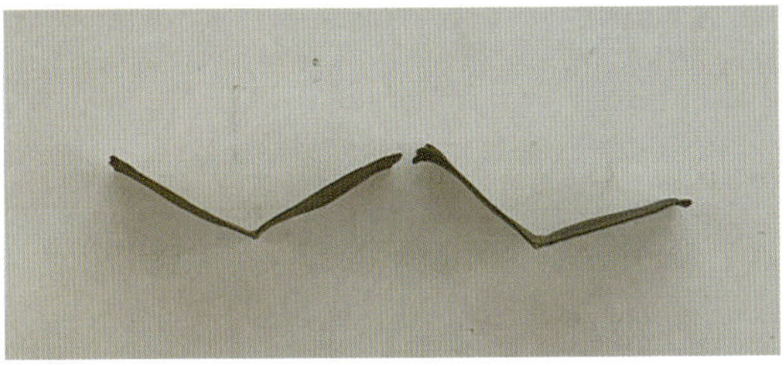

江苏省

紫英4号

Camellia sinensis（L.）O. Kuntze 'Ziying 4'

申 请 号	20173664.8
申 请 日	2017年12月27日
品种权号	CNA20173664.8
授 权 日	2023年3月7日
公 告 号	CNA024385G
品种权人	无锡市茶叶品种研究所有限公司；无锡市茶都茶业有限公司
培 育 人	梅菊芬　徐德良　周静峰　邵元海　徐　琪　王敏鑫
品种来源	从江苏宜兴福鼎有性茶园中，经单株选育而成的新梢紫化品种。
登记情况	未登记
形态特征	植株生长势中，树型灌木型，树姿半开张；新梢一芽一叶始期中，一芽二叶期第2叶颜色为紫绿色，芽茸毛密度中，叶柄基部有花青苷显色；成熟叶片着生姿态向上，中等椭圆形，绿色程度深，横切面平，上表面隆起性无或弱；花萼外部无茸毛，花冠直径中到大，内轮花瓣颜色为粉红色，花柱分裂位置高，雌蕊雄蕊等高。
品质特征	适制绿茶。制烘青绿茶外形色绿带靛青，栗香香高，汤色明亮呈红紫色，滋味鲜醇，叶底黄绿明亮。春季一芽二叶水浸出物含量48.8%，茶多酚含量21.1%，氨基酸含量3.3%，咖啡碱含量4%，花青素含量0.9%。
适宜区域	适宜在江南茶区的江苏及与其气候相似地区种植。

江苏省

111

紫英6号

Camellia sinensis（L.）O. Kuntze 'Ziying 6'

申 请 号	20173665.7
申 请 日	2017年12月27日
品种权号	CNA20173665.7
授 权 日	2023年5月24日
公 告 号	CNA026906G
品种权人	无锡市茶叶品种研究所有限公司；无锡市茶都茶业有限公司
培 育 人	梅菊芬　徐德良　周静峰　徐　琪　王敏鑫　邵元海
品种来源	从江苏宜兴福鼎有性茶园中，经单株选育而成的新梢紫化品种。
登记情况	未登记
形态特征	植株生长势中，树型灌木型，树姿半开张；新梢一芽一叶始期晚，一芽二叶期第2叶颜色为紫绿色，芽茸毛密度中到密，叶柄基部有花青苷显色；成熟叶片着生姿态向上，窄椭圆形，绿色程度中到深，横切面内折，上表面隆起性无或弱；花萼外部无茸毛，花冠直径小到中，内轮花瓣颜色为白色，花柱分裂位置低，雌雄蕊等高。
品质特征	适制绿茶和白茶。制烘青绿茶外形色绿带靛青，汤色紫绿，花香显，滋味较鲜醇；制白茶，汤色浅红，香气高显花香，滋味甜醇。春季一芽二叶水浸出物含量46.6%，茶多酚含量24.6%，氨基酸含量2.7%，咖啡碱含量3.9%，花青素含量1.1%。
适宜区域	适宜在江南茶区的江苏及与其气候相似地区种植。

江苏省

山东省

北茶36

Camellia sinensis（L.）O. Kuntze 'Beicha 36'

申 请 号	20150859.1

申 请 号 20150859.1
申 请 日 2015年6月18日
品种权号 CNA20150859.1
授 权 日 2020年9月30日
公 告 号 CNA015940G
品种权人 张续周
培 育 人 张续周
品种来源 从'黄山种'中，经单株选育而成。
登记情况 GPD茶树（2019）370035
形态特征 植株生长势中，树型灌木型到小乔木型，树姿半开张到开张；新梢一芽一叶始期中到晚，一芽二叶期第2叶颜色为浅绿色，芽茸毛密度中到密，叶柄基部无花青苷显色；成熟叶片着生姿态向上到水平，中等椭圆形，绿色程度中，横切面内折，上表面隆起性中；花萼外部无茸毛，花冠直径极小到小，内轮花瓣颜色为白色，花柱分裂位置高，雌雄蕊等高。
品质特征 适制绿茶、白茶和红茶。制烘青绿茶，外形肥嫩绿润显毫，汤色浅亮有绿影，花香，滋味清鲜花味，叶底嫩黄；制白茶，小兰花形、芽叶连枝、色绿有毫，浅杏黄明亮，香气甜香、有花香，滋味鲜爽甘醇，叶底嫩匀黄绿明亮；制工夫红茶，外形乌黑油润显金毫，汤色红亮，香气甜香清鲜，滋味鲜醇甜爽有花味，叶底红亮。春季一芽二叶水浸出物含量43.0%，茶多酚含量19.1%，氨基酸含量3.9%，咖啡碱含量3.3%。
适宜区域 适宜在山东及高寒茶区种植。

山东省

陕西省

陕茶1号

Camellia sinensis（L.）O. Kuntze 'Shaancha 1'

申 请 号	20121112.5（农业）；20130174（林业）
申 请 日	2012年11月30日（农业）；2013年12月15日（林业）
品种权号	CNA20121112.5（农业）；20140088（林业）
授 权 日	2018年1月2日（农业）；2014年6月27日（林业）
公 告 号	CNA010393G（农业）；国家林业局公告（2014年第10号）（林业）
品种权人	安康市汉水韵茶业有限公司
培 育 人	王衍成　余有本　纪昌中　吴世明　李华海　张星显
品种来源	从陕西紫阳群体种中，经单株选育而成。
登记情况	GPD茶树（2018）610009
形态特征	植株生长势强，树型灌木型到小乔木型，树姿半开张；新梢一芽一叶始期中，一芽二叶期第2叶颜色为浅绿色，芽茸毛密度中，叶柄基部无花青苷显色；成熟叶片着生姿态向上到水平，窄椭圆形，绿色程度中，横切面内折，上表面隆起性中；花萼外部无茸毛，花冠直径中，内轮花瓣颜色为白色，花柱分裂位置高，雌雄蕊等高。
品质特征	适制绿茶。制绿茶外形翠绿显毫，汤色嫩绿清澈，香气高爽有嫩香，滋味鲜爽协调，叶底嫩绿明亮。春季一芽三叶水浸出物含量47.6%，茶多酚含量19.5%，氨基酸含量5.2%，咖啡碱含量3.7%。
适宜区域	适宜在陕西南部、河南、安徽、湖北等茶区种植。

陕西省

四川省

甘露1号

Camellia sinensis（L.）O. Kuntze 'Ganlu 1'

申 请 号	20211008103
申 请 日	2021年11月17日
品种权号	CNA20211008103
授 权 日	2024年4月12日
公 告 号	CNA032757G
品种权人	四川省农业科学院茶叶研究所；四川省名山茶树良种繁育场
培 育 人	罗 凡 王仁全 龚雪蛟 杨雪梅 尧 渝 刘东娜 李兰英 王显福 孙道伦 余 莲 文维奇 陈 凯 钟国林 王迎春 胥亚琼 张 翔 黄 藩 高先荣
品种来源	从'四川中小叶种'中，经单株选育而成。
登记情况	GPD茶树（2022）510037
形态特征	植株生长势强，树型灌木型，树姿直立到半开张；新梢一芽一叶始期早到中，一芽二叶期第2叶颜色为中等绿色，芽茸毛密度中到密，叶柄基部无花青苷显色；成熟叶片着生姿态向上，中等椭圆形，绿色程度中，横切面内折，上表面隆起性无或弱；花萼外部无茸毛，花冠直径小，内轮花瓣颜色为白色，花柱分裂位置中到高，雌雄蕊等高。
品质特征	适制绿茶。制绿茶外形卷曲绿润、显毫，香气高鲜带栗香，汤色嫩绿明亮，滋味甘鲜浓醇，叶底嫩厚黄绿、芽叶完整。春季一芽二叶水浸出物含量50.4%，茶多酚含量21.7%，氨基酸含量4.2%，咖啡碱含量4.1%。
适宜区域	适宜在四川种植。

四川省

金凤2号

Camellia sinensis（L.）O. Kuntze 'Jinfeng 2'

申 请 号	20211008104
申 请 日	2021年11月17日
品种权号	CNA20211008104
授 权 日	2024年4月12日
公 告 号	CNA032758G
品种权人	四川省农业科学院茶叶研究所；雅安市名山区欣菊苗木种植农民专业合作社
培 育 人	罗　凡　刘东娜　田中禄　李兰英　尧　渝　龚雪蛟　田雨寒　张　蝶　罗　晟　胥亚琼　张冬川　陈　勋
品种来源	从'四川中小叶种'中，经单株选育而成。
登记情况	GPD茶树（2022）510039
形态特征	植株生长势中到强，树型灌木型到小乔木型，树姿半开张；新梢一芽一叶始期极早到早，一芽二叶第2叶颜色为黄绿色，芽茸毛密度稀到中，叶柄基部无花青苷显色；成熟叶片着生姿态向上，窄椭圆形，绿色程度极浅到浅，横切面内折，上表面隆起性中；花萼外部无茸毛，花冠直径小，内轮花瓣颜色为白色，花柱分裂位置高，雌蕊高于雄蕊。
品质特征	适制绿茶。外形卷曲黄绿、油润显毫，香气清高显花香，汤色嫩黄明亮，滋味清鲜醇厚，叶底嫩黄明亮、芽叶完整成朵。春季一芽二叶水浸出物含量51.0%，茶多酚含量20.3%，氨基酸含量3.9%，咖啡碱含量4.3%。
适宜区域	适宜在四川种植。

四川省

九凤1号

Camellia sinensis（L.）O. Kuntze 'Jiufeng 1'

申 请 号 20211006772

申 请 日 2021年10月18日

品种权号 CNA20211006772

授 权 日 2024年04月12日

公 告 号 CNA032755G

品种权人 四川省农业科学院茶叶研究所；旺苍县茶产业技术研究所

培 育 人 罗　凡　李兰英　尧　渝　龚雪蛟　刘东娜　王德怀　张　翔　黄　藩　王迎春　胥锦桦　罗　晟　石保旭

品种来源 从'四川中小叶种'中，经单株选育而成。

登记情况 GPD茶树（2022）510038（亦名'金凤1号'）

形态特征 植株生长势中，树型灌木型，树姿半开张；新梢一芽一叶始期晚，一芽二叶期第2叶颜色为黄绿色，芽茸毛密度稀，叶柄基部无花青苷显色；成熟叶片着生姿态向上，中等椭圆形，绿色程度浅，横切面内折，上表面隆起性无或弱；花萼外部无茸毛，花冠直径小，内轮花瓣颜色为白色，花柱分裂位置高，雌蕊略低于雄蕊。

品质特征 适制绿茶。制绿茶外形卷曲金黄有毫，香气嫩香带花香，汤色嫩黄明亮，滋味鲜爽醇和，叶底嫩黄明亮、芽叶完整。春季一芽二叶水浸出物含量45.8%，茶多酚含量22.4%，氨基酸含量4.9%，咖啡碱含量3.8%。

适宜区域 适宜在四川种植。

四川省

紫嫣

Camellia sinensis（L.）O. Kuntze 'Ziyan'

申 请 号 20120455.2
申 请 日 2012年5月16日
品种权号 CNA20120455.2
授 权 日 2017年9月1日
公 告 号 CNA009560G
品种权人 四川农业大学
培 育 人 四川农业大学　四川一枝春茶业有限公司　　唐　茜　杨　洋　谭礼强　杨昌银　邹　瑶　李　伟　李晓松　王正阳　刘冠群　杨纯婧　胡　尧　胡　灿　谭晓琴　陈红旭　范虹丽　黄嘉诚
品种来源 从'四川中小叶种'中，经单株选育而成。
登记情况 GPD茶树（2018）510007
形态特征 植株生长势中，树型灌木型，树姿半开张；新梢一芽一叶始期晚，一芽二叶期第2叶颜色为紫绿色，芽茸毛密度稀到中，叶柄基部有花青苷显色；成熟叶片着生姿态向上到水平，中等椭圆形，绿色程度深，横切面平，上表面隆起性中；花萼外部无茸毛，花冠直径小到中，内轮花瓣颜色为白色，花柱分裂位置中，雌蕊略高于雄蕊。
品质特征 适制绿茶和红茶。制烘青绿茶外形匀整，色青黛，汤色蓝紫清澈，有嫩香，滋味浓厚尚回甘，叶底柔软、色靛青；制红茶外形乌润有毫，香气浓郁、有甜香，滋味甜醇。春季一芽二叶水浸出物含量45.5%，茶多酚含量20.4%，氨基酸含量4.4%，咖啡碱含量4.0%。
适宜区域 适宜在四川海拔1 200 m以下的茶区种植。

四川省

云南省

探春

Camellia sinensis var. *assamica*（Masters）Kitamura 'Tanchun'

申 请 号	20151347.9
申 请 日	2015年10月06日
品种权号	CNA20151347.9
授 权 日	2018年01月02日
公 告 号	CNA010394G
品种权人	云南滇红集团股份有限公司
培 育 人	张成仁　陈子昌
品种来源	从云南大叶种中，经单株选育而成。
登记情况	未登记
形态特征	植株生长势强，树型乔木型，树姿直立；新梢一芽一叶始期早，一芽二叶期第2叶颜色为黄绿色，叶柄基部无花青苷显色；成熟叶片着生姿态向上，中等椭圆形，绿色程度中，横切面稍内折，上表面隆起性中；花萼外部无茸毛，花冠直径大，内轮花瓣颜色为白色，花柱分裂位置高，雌蕊高于雄蕊。
品质特征	适制绿茶。制烘青绿茶，汤色翠绿明亮，香气清高有花香，滋味浓醇，叶底嫩绿明亮。春季一芽二叶茶多酚含量14.4%，氨基酸含量3.0%，咖啡碱含量2.8%。
适宜区域	适宜在大叶种茶区种植推广。

云南省

云茶1号

Camellia sinensis var. *assamica*（Masters） Kitamura 'Yuncha 1'

申 请 号	20040031
申 请 日	2004年11月30日
品种权号	20050030
授 权 日	2005年11月28日
公 告 号	第0509号
品种权人	云南省农业科学院茶叶研究所
培 育 人	张　俊　田易萍　徐丕忠　张　惠
品种来源	从云南元江'细叶糯茶'群体种中，经单株选育而成。
登记情况	GPD茶树（2020）530007
形态特征	植株生长势强，树型乔木型，树姿半开张；新梢一芽一叶始期中到晚，一芽二叶期第2叶颜色为浅绿色，芽茸毛密度密，叶柄基部无花青苷显色；成熟叶片着生姿态向上，中等椭圆形，绿色程度深，横切面内折，上表面隆起性强；花萼外部有茸毛，花冠直径中，内轮花瓣颜色为白色，花柱分裂位置中，雌蕊略低于雄蕊。
品质特征	适制绿茶、红茶、白茶和普洱茶。制烘青绿茶外形肥壮深绿，汤色黄明亮，香气清香，滋味醇爽，叶底嫩绿匀亮；制工夫红茶外形壮硕、略卷曲、显金毫、乌褐，汤色红、明亮，香气较鲜甜、有花香，滋味尚浓醇、甘鲜，叶底厚软、匀、显芽、较红；制白茶外形针毫细匀稍弯，汤色浅黄明亮，香气甜花香、较纯，滋味醇爽、略露花香，叶底全芽长、较匀；制晒青绿茶外形肥硕显毫、黄褐色，汤色黄褐明亮，香气浓郁、带花香，滋味浓醇，叶底红褐嫩匀。春季一芽二叶水浸出物含量48.2%，茶多酚含量20.1%，氨基酸含量3.0%，咖啡碱含量3.7%。
适宜区域	适宜在年平均温度15℃，极端低温在-5℃以上的大叶种茶区种植。

云南省

云茶普蕊

Camellia sinensis var. *assamica*（Masters）Kitamura 'Yuncha Purui'

申 请 号	20090203.2
申 请 日	2009年4月8日
品种权号	CNA20090203.2
授 权 日	2015年11月1日
公 告 号	CNA006257G
品种权人	云南省农业科学院
培 育 人	田易萍　梁名志　徐丕忠　杜　煊　何青元　姚　娜
品种来源	从云南双江勐库群体种中，经单株选育而成。
登记情况	未登记
形态特征	植株生长势强，树型乔木型，树姿半开张；新梢一芽一叶始期早到中，一芽二叶期第2叶颜色为浅绿色，芽茸毛密度中到密，叶柄基部有花青苷显色；成熟叶片着生姿态向上到水平，中等椭圆形，绿色程度中，横切面内折，上表面隆起性中；花萼外部无茸毛，花冠直径中，内轮花瓣颜色为白色，花柱分裂位置高，雌蕊略低于雄蕊。
品质特征	适制红茶和普洱茶。制工夫红茶外形条索肥大整齐，色黑润，汤色浓艳，香气高，滋味强烈，叶底红亮；制晒青绿茶外形条索紧细显毫，汤色明亮，香气清香，滋味醇正，叶底黄亮；制普洱熟茶外形色泽红褐、条索紧结，汤色红浓明亮，香气醇正，滋味醇厚，叶底棕褐油润。春季一芽二叶水浸出物含量51.4%，茶多酚含量29.5%，氨基酸含量3.4%，咖啡碱含量4.7%。
适宜区域	适宜在极端低温0℃以上的西南茶区和华南茶区种植。

云南省

云茶奇蕊

Camellia sinensis var. *assamica*（Masters）Kitamura 'Yuncha Qirui'

申 请 号	20100447.5
申 请 日	2010年6月10日
品种权号	CNA20100447.5
授 权 日	2016年5月1日
公 告 号	CNA007539G
品种权人	云南省农业科学院
培 育 人	宋维希　刘本英　许　玫　唐一春　矣　兵　马　玲　蒋会兵　李友勇　汪云刚　王平盛　季鹏章
品种来源	从云南昌宁'漭水绿芽茶'群体种中，经单株选育而成的花无雌蕊特异品种。
登记情况	未登记
形态特征	植株生长势强，树型乔木型，树姿半开张；新梢一芽一叶始期中，一芽二叶期第2叶颜色为浅绿色，芽茸毛密度密，叶柄基部无花青苷显色；成熟叶片着生姿态向上，披针形，绿色程度中，横切面内折，上表面隆起性无或弱；花萼外部无茸毛，花冠直径中，内轮花瓣颜色为白色，无雌蕊。
品质特征	适制绿茶。制烘青绿茶外形紧细，汤色淡绿明亮，香气浓醇，滋味醇爽，叶底黄绿明亮。春季一芽二叶水浸出物含量52.7%，茶多酚含量20.9%，氨基酸含量2.5%，咖啡碱含量4.6%。
适宜区域	适宜在我国西南茶区和华南茶区极端低温-5℃以上的地区种植。

云南省

云茶香1号

Camellia sinensis var. *assamica*（Masters）Kitamura 'Yunchaxiang 1'

申 请 号	20090204.1
申 请 日	2009年4月8日
品种权号	CNA20090204.1
授 权 日	2015年11月1日
公 告 号	CNA006258G
品种权人	云南省农业科学院
培 育 人	包云秀　黄　玫　杨兴荣
品种来源	以'云抗14号'为母本，'福鼎大白茶'为父本，经杂交选育而成。
登记情况	GPD茶树（2022）530051
形态特征	植株生长势强，树型小乔木型，树姿半开张；新梢一芽一叶始期早，一芽二叶期第2叶颜色为浅绿色，芽茸毛密度密，叶柄基部无花青苷显色；成熟叶片着生姿态向上，中等椭圆形，绿色程度中，横切面平，上表面隆起性无或弱；花萼外部无茸毛，花冠直径大，内轮花瓣颜色为白色，花柱分裂位置高，雌雄蕊等高。
品质特征	适制绿茶和普洱茶。制晒青绿茶外形条索较紧结、黄绿、带毫，汤色黄绿明亮，香气清香、浓郁，滋味醇厚、回甘，叶底黄绿较亮。春季一芽二叶水浸出物含量45.6%，茶多酚含量32.8%，氨基酸含量2.4%，咖啡碱含量3.8%。
适宜区域	适宜在西南大叶种茶区种植。

云南省

云茶银剑

Camellia sinensis var. *assamica*（Masters）Kitamura 'Yuncha Yinjian'

申 请 号	20100448.4
申 请 日	2010年6月10日
品种权号	CNA20100448.4
授 权 日	2016年5月1日
公 告 号	CNA007540G
品种权人	云南省农业科学院
培 育 人	宋维希　刘本英　许　玫　唐一春　矣　兵　马　玲　蒋会兵　李友勇　汪云刚　王平盛　季鹏章
品种来源	从云南'元江大叶茶'群体种中，经单株选育而成。
登记情况	未登记
形态特征	植株生长势强，树型乔木型，树姿半开张；新梢一芽一叶始期中，一芽二叶期第2叶颜色为中等绿色，芽茸毛密度密，叶柄基部无花青苷显色；成熟叶片着生姿态向上，中等椭圆形，绿色程度中，横切面平，上表面隆起性强；花萼外部有茸毛，花冠直径极大，内轮花瓣颜色为粉红色，花柱分裂位置中，雌蕊低于雄蕊。
品质特征	适制绿茶。制作烘青绿茶外形肥壮显毫，汤色淡绿黄明亮，香气栗香，滋味醇爽，叶底黄绿明亮。春季一芽二叶水浸出物含量51.4%，茶多酚含量35.3%，氨基酸含量4.2%，咖啡碱含量3.6%。
适宜区域	适宜在西南茶区和华南茶区极端低温-5℃以上的地区种植。

云南省

早春翠芽

Camellia sinensis var. *assamica*（Masters）Kitamura'Zaochun Cuiya'

申 请 号	20151656.4
申 请 日	2015年11月27日
品种权号	CNA20151656.4
授 权 日	2018年01月02日
公 告 号	CNA010396G
品种权人	云南滇红集团股份有限公司
培 育 人	张成仁　陈子昌
品种来源	从云南大叶种中，单株选育而成。
登记情况	未登记
形态特征	植株生长势强，树型小乔木型，树姿直立；新梢一芽一叶始期特早，一芽二叶期第2叶颜色为黄绿色，叶柄基部无花青苷显色；成熟叶片着生姿态向上，窄椭圆形，绿色程度中，横切面稍内折，上表面隆起性中；花萼外部无茸毛，花冠直径大，内轮花瓣颜色为浅绿色，花柱分裂位置高，雌雄蕊等高。
品质特征	适制绿茶和红茶。制烘青绿茶，汤色黄嫩绿明亮，香气清高有花香，滋味较浓醇甘鲜，叶底黄绿明亮；制工夫红茶汤色金红明亮，香高持久，甜香花香突显，滋味鲜爽，叶底红亮。春季一芽二叶含茶多酚含量18.4%，氨基酸含量3.1%，咖啡碱含量2.9%。
适宜区域	适宜在大叶种茶区种植推广。

云南省

紫娟

Camellia sinensis var. *assamica*（Masters）Kitamura'Zijuan'

申 请 号	20040030
申 请 日	2004年11月30日
品种权号	20050031
授 权 日	2005年11月28日
公 告 号	第0509号
品种权人	云南省农业科学院茶叶研究所
培 育 人	包云秀　王朝纪　杨兴荣　黄　梅
品种来源	从'云南省大叶种'中，经单株选育而成的新梢紫化品种。
登记情况	GPD茶树（2022）530050
形态特征	植株生长势中到强，树型小乔木型，树姿直立到半开张；新梢一芽一叶始期晚，一芽二叶期第2叶颜色为紫绿色，芽茸毛密度稀到中，叶柄基部有花青苷显色；成熟叶片着生姿态向上，披针形，绿色程度深，横切面内折，上表面隆起性无或弱；花萼外部无茸毛，花冠直径小，内轮花瓣颜色为白色，花柱分裂位置高，雌蕊略高于雄蕊。
品质特征	适制绿茶和红茶。制烘青绿茶外形壮结略卷曲、灰褐显毫，汤色嫩黄、明，香气尚高爽、有甜香，滋味醇厚、尚甘鲜，叶底厚软、显芽、黄绿；制工夫红茶外形尚紧结、略卷曲、较乌泛灰，汤色红深、较明亮，香气清甜鲜爽、花香显，滋味尚浓醇、较甘鲜、略涩，叶底较软匀、尚红。春季一芽二叶水浸出物含量50.7%，茶多酚含量30.3%，氨基酸含量2.3%，咖啡碱含量4.2%。
适宜区域	适宜在西南大叶种茶区种植。

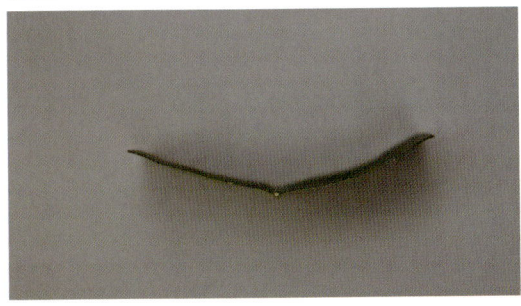

浙江省

采金毫

Camellia sinensis（L.）O. Kuntze 'Caijinhao'

申 请 号	20220115
申 请 日	2022年1月29日
品种权号	20230586
授 权 日	2023年9月6日
公 告 号	国家林业和草原局公告（2023年第20号）
品种权人	浙江大学；宁波黄金韵茶业科技有限公司；宁波市农业技术推广总站
培 育 人	郑新强　张龙杰　李　明　王开荣　梁月荣　吴　颖　韩　震　黄　杨
品种来源	以'白叶1号'和'黄金芽'为亲本，经杂交选育而成的新梢黄化品种。
登记情况	未登记
形态特征	植株生长势中到强，树型灌木型，树姿直立；新梢一芽一叶始期中到晚，一芽二叶期第2叶颜色为黄色，芽茸毛密度中，叶柄基部无花青苷显色；成熟叶片着生姿态向上，中等椭圆形，绿色程度浅，横切面平，上表面隆起性中；花萼外部无茸毛，花冠直径极小到小，内轮花瓣颜色为白色，花柱分裂位置中，雌雄蕊等高。
品质特征	适制绿茶。制烘青绿茶显黄润、有白毫，汤色浅黄明亮，叶底肥嫩、黄绿明亮，香气浓爽，滋味鲜醇爽口。春季一芽二叶水浸出物含量45.3%，茶多酚含量13.9%，氨基酸含量6.4%，咖啡碱含量4.4%。
适宜区域	适宜在江南茶区浙江的偏酸性土壤地区种植。

浙江省

143

采金雪

Camellia sinensis（L.）O. Kuntze 'Caijinxue'

申 请 号	20220117
申 请 日	2022年1月29日
品种权号	20230588
授 权 日	2023年9月6日
公 告 号	国家林业和草原局公告（2023年第20号）
品种权人	宁波黄金韵茶业科技有限公司；浙江大学；余姚市农业技术推广服务总站
培 育 人	张龙杰　郑新强　王开荣　李　明　梁月荣　王荣芬　王静芬　胡涨吉
品种来源	以'四明雪芽'和'黄金芽'为亲本，经杂交选育而成的新梢白化品种。
登记情况	未登记
形态特征	植株生长势中等，树型灌木型，树姿半开张；新梢一芽一叶始期中到晚，一芽二叶期第2叶颜色为白色，芽茸毛密度稀，叶柄基部无花青苷显色；成熟叶片着生姿态向上到水平，中等椭圆形，绿色程度浅，横切面平，上表面隆起性中；花萼外部无茸毛，花冠直径小，内轮花瓣颜色为白色，花柱分裂位置中，雌蕊略高于雄蕊。
品质特征	适制绿茶。制烘青绿茶显黄润，汤色浅黄明亮，叶底嫩黄绿亮，香气清鲜，滋味鲜醇回甘。春季一芽二叶水浸出物含量45.7%，茶多酚含量16.1%，氨基酸含量6.0%，咖啡碱含量3.6%。
适宜区域	适宜在江南茶区浙江的偏酸性土壤地区种植。

采金玉

Camellia sinensis（L.）O. Kuntze 'Caijinyu'

申请号	20220118
申请日	2022年1月29日
品种权号	20230589
授权日	2023年9月6日
公告号	国家林业和草原局公告（2023年第20号）
品种权人	宁波黄金韵茶业科技有限公司
培育人	张龙杰　王荣芬　王静芬　胡涨吉　张完林　戴建建
品种来源	从浙江余姚茶树群体种中，经单株选育而成的新梢黄化品种。
登记情况	未登记
形态特征	植株生长势弱，树型灌木型，树姿半开张；新梢一芽一叶始期晚，一芽二叶期第2叶颜色为黄色，芽茸毛密度稀，叶柄基部无花青苷显色；成熟叶片着生姿态水平，中等椭圆形，绿色程度浅，横切面平，上表面隆起性中；花萼外部无茸毛，花冠直径极小到小，内轮花瓣颜色为白色，花柱分裂位置低，雌雄蕊等高。
品质特征	适制绿茶。制烘青绿茶显黄润，汤色杏绿明亮，香气清香略鲜，滋味鲜醇甘爽，叶底嫩黄明亮。春季一芽二叶水浸出物含量44.6%，茶多酚含量15.0%，氨基酸含量5.7%，咖啡碱含量3.6%。
适宜区域	适宜在江南茶区浙江的偏酸性土壤地区种植。

浙江省

多耶楼4号

Camellia sinensis（L.）O. Kuntze 'Duoyelou 4'

申 请 号	20201007463
申 请 日	2020年12月22日
品种权号	CNA20201007463
授 权 日	2023年12月29日
公 告 号	CNA031414G
品种权人	中国农业科学院茶叶研究所；三江侗族自治县多耶楼茶业有限公司
培 育 人	陈 亮　赖定清　马春雷　覃秀菊　马建强　邓慧群　金基强　陈 佳　谢崇馨
品种来源	从广西三江茶树群体种中，经单株选育而成。
登记情况	未登记
形态特征	植株生长势中，树型灌木型，树姿半开张；新梢一芽一叶期一般早，一芽二叶期第2叶颜色为浅绿色，芽茸毛密度稀，叶柄基部无花青苷显色；成熟叶片着生姿态向上，窄椭圆形，绿色程度中，横切面内折，上表面隆起性无或弱；花萼外部有茸毛，花冠直径小到中，内轮花瓣颜色为白色，花柱分裂位置高，雌蕊低于雄蕊。
品质特征	适制绿茶和红茶。制绿茶汤色翠绿明亮，滋味鲜爽，条索肥硕紧结，栗香高锐。制红茶汤色红艳，滋味甘和，花果香，叶底匀整。春季一芽二叶水浸出物含量31.1%，茶多酚含量25.2%，氨基酸含量2.3%，咖啡碱含量3.9%。
适宜区域	适宜在华南茶区种植。

浙江省

杭茶11号

Camellia sinensis（L.）O. Kuntze 'Hangcha 11'

申 请 号 20151673.3

申 请 日 2015年11月30日

品种权号 CNA20151673.3

授 权 日 2020年9月30日

公 告 号 CNA015945G

品种权人 杭州市农业科学研究院

培 育 人 崔宏春　黄海涛　郑旭霞　敖　存　毛宇骁　余继忠　周铁锋　倪伯荣

品种来源 以福云杂交F_1与'平云10号'为亲本，经杂交选育而成。

登记情况 未登记

形态特征 植株生长势中，树型灌木型到小乔木型，树姿半直立到半开张；新梢一芽一叶始期早到中，一芽二叶期第2叶颜色为浅绿色，芽茸毛密度中，叶柄基部无花青苷显色；成熟叶片着生姿态向上，窄椭圆形，绿色程度浅，横切面平，上表面隆起性无或弱；花萼外部无茸毛，花冠直径中到大，内轮花瓣颜色为白色，花柱分裂位置高，雌蕊低于雄蕊。

品质特征 适制红茶和绿茶。制作工夫红茶外形乌褐油润，汤色橙红明亮，香气高甜，花果显，滋味浓厚醇爽，叶底嫩厚成朵。春季一芽二叶水浸出物含量48.6%，茶多酚含量21.6%，氨基酸含量3.8%，咖啡碱含量3.7%。

适宜区域 适宜在江南茶区种植。

浙江省

杭茶12号

Camellia sinensis（L.）O. Kuntze 'Hangcha 12'

申 请 号	20161397.7
申 请 日	2016年8月8日
品种权号	CNA20161397.7
授 权 日	2023年3月7日
公 告 号	CNA024373G
品种权人	杭州市农业科学研究院
培 育 人	黄海涛　郑旭霞　余继忠　张　伟
品种来源	从浙江'鸠坑种'中，经单株选育而成。
登记情况	未登记
形态特征	植株生长势中到强，树型灌木型，树姿直立；新梢一芽一叶始期早，一芽二叶期第2叶颜色为浅绿色，芽茸毛密度稀到中，叶柄基部无花青苷显色；成熟叶片着生姿态向上，披针形，绿色程度中到深，横切面内折，上表面隆起性无或弱；花萼外部无茸毛，花冠直径小，内轮花瓣颜色为白色，花柱分裂位置中，雌蕊高于雄蕊。
品质特征	适制绿茶。制烘青绿茶外形深绿较润，汤色嫩绿明亮，香气清高鲜爽，滋味鲜醇，叶底嫩绿明亮。春季一芽二叶水浸出物含量39.7%，茶多酚含量17.1%，氨基酸含量5.1%，咖啡碱含量3.0%。
适宜区域	适宜在江南茶区种植。

浙江省

杭茶13号

Camellia sinensis（L.）O. Kuntze 'Hangcha 13'

申 请 号	20161398.6
申 请 日	2016年8月8日
品种权号	CNA20161398.6
授 权 日	2023年3月7日
公 告 号	CNA024374G
品种权人	杭州市农业科学研究院
培 育 人	黄海涛　余继忠　郑旭霞
品种来源	从浙江淳安'鸠坑种'中，经单株选育而成。
登记情况	未登记
形态特征	植株生长势中，树型灌木型，树姿半开张；新梢一芽一叶始期早，一芽二叶期第2叶颜色为浅绿色，芽茸毛密度稀到中，叶柄基部无花青苷显色；成熟叶片着生姿态向上，窄椭圆形，绿色程度中，横切面平，上表面隆起性中；花萼外部无茸毛，花冠直径中到大，内轮花瓣颜色为白色，花柱分裂位置中，雌雄蕊等高。
品质特征	适制绿茶。制烘青绿茶外形绿翠较润，汤色嫩绿明亮，香气清高，滋味浓醇，叶底嫩绿明亮。春季一芽二叶水浸出物含量42.6%，茶多酚含量18.4%，氨基酸含量4.6%，咖啡碱含量3.3%。
适宜区域	适宜在江南茶区种植。

浙江省

155

杭茶14号

Camellia sinensis（L.）O. Kuntze 'Hangcha 14'

申 请 号	20161399.5
申 请 日	2016年8月8日
品种权号	CNA20161399.5
授 权 日	2023年3月7日
公 告 号	CNA024375G
品种权人	杭州市农业科学研究院
培 育 人	黄海涛　余继忠　张　伟　倪伯荣
品种来源	以'红云'为母本，'平云10号'为父本，经杂交选育而成。
登记情况	未登记
形态特征	植株生长势中到强，树型灌木型到小乔木型，树姿半开张；新梢一芽一叶始期早到中，一芽二叶期第2叶颜色为浅绿色，芽茸毛密度中，叶柄基部无花青苷显色；成熟叶片着生姿态向上，窄椭圆形，绿色程度浅，横切面平，上表面隆起性无或弱；花萼外部无茸毛，花冠直径极小到小，内轮花瓣颜色为白色，花柱分裂位置中到高，雌雄蕊等高。
品质特征	适制红茶和绿茶。制烘青绿茶外形深绿较润，汤色浅嫩绿清澈明亮，香气花香馥郁，滋味浓醇有花香，叶底嫩绿明亮；制条形红茶外形乌润显金毫，汤色红亮，香气果香显，滋味浓醇带果香，叶底嫩厚红亮。春季一芽二叶水浸出物含量44.8%，茶多酚含量18.9%，氨基酸含量4.1%，咖啡碱含量3.4%。
适宜区域	适宜在江南茶区种植。

浙江省

157

杭茶15号

Camellia sinensis（L.）O. Kuntze 'Hangcha 15'

申 请 号	20161400.2
申 请 日	2016年8月8日
品种权号	CNA20161400.2
授 权 日	2023年3月7日
公 告 号	CNA024376G
品种权人	杭州市农业科学研究院
培 育 人	黄海涛　余继忠　张　伟　倪伯荣
品种来源	以'迎霜'为母本，'翠峰'为父本，经杂交选育而成。
登记情况	未登记
形态特征	植株生长势中到强，树型灌木型，树姿半开张；新梢一芽一叶始期早，一芽二叶期第2叶颜色为浅绿色，芽茸毛密度中到密，叶柄基部无花青苷显色；成熟叶片着生姿态向上，中等椭圆形，绿色程度浅到中，横切面平，上表面隆起性无或弱；花萼外部无茸毛，花冠直径小，内轮花瓣颜色为白色，花柱分裂位置极低到低，雌蕊低于雄蕊。
品质特征	适制绿茶。制烘青绿茶外形嫩绿油润，汤色嫩绿明亮，香气有嫩香，滋味醇厚甘爽，叶底嫩绿明亮。春季一芽二叶水浸出物含量42.5%，茶多酚含量20.5%，氨基酸含量4.9%，咖啡碱含量3.5%。
适宜区域	适宜在江南茶区种植。

浙江省

杭茶21号

Camellia sinensis（L.）O. Kuntze 'Hangcha 21'

申 请 号 20141369.3
申 请 日 2014年11月24日
品种权号 CNA20141369.3
授 权 日 2019年1月31日
公 告 号 CNA012565G
品种权人 杭州市农业科学研究院
培 育 人 郑旭霞　黄海涛　敖　存　崔宏春　毛宇骁　余继忠　周铁锋　吴跃平
品种来源 从浙江'鸠坑种'中，经单株选育而成。
登记情况 GPD茶树（2021）330026
形态特征 植株生长势中到强，树型灌木型到小乔木型，树姿半开张；新梢一芽一叶始期早，一芽二叶期第2叶颜色为浅绿色，芽茸毛密度中，叶柄基部无花青苷显色；成熟叶片着生姿态向上，窄椭圆形，绿色程度中，横切面内折，上表面隆起性无或弱；花萼外部无茸毛，花冠直径中，内轮花瓣颜色为白色，花柱分裂位置中，雌雄蕊等高。
品质特征 适制绿茶。制烘青绿茶外形绿润，汤色嫩绿明亮，香气高爽有花香，滋味清鲜甘醇，叶底嫩绿明亮。春季一芽二叶水浸出物含量46.0%，茶多酚含量18.9%，氨基酸含量4.5%，咖啡碱含量3.5%。
适宜区域 适宜在江南茶区种植。

浙江省

杭茶22号

Camellia sinensis（L.）O. Kuntze 'Hangcha 22'

申 请 号	20141370.0
申 请 日	2014年11月24日
品种权号	CNA20141370.0
授 权 日	2019年1月31日
公 告 号	CNA012566G
品种权人	杭州市农业科学研究院
培 育 人	郑旭霞　张兰美　毛宇骁　黄海涛　敖　存　崔宏春　余继忠　周铁锋
品种来源	从浙江磐安'木禾种'中，经单株选育而成。
登记情况	GPD茶树（2021）330027
形态特征	植株生长势强，树型小乔木型，树姿半开张；新梢一芽一叶始期中到晚，一芽二叶期第2叶颜色为浅绿色，芽茸毛密度中，叶柄基部无花青苷显色；成熟叶片着生姿态水平，窄椭圆形，绿色程度中，横切面内折，上表面隆起性中；花萼外部无茸毛，花冠直径小，内轮花瓣颜色为白色，花柱分裂位置中到高，雌蕊高于雄蕊。
品质特征	适制绿茶。制烘青绿茶外形深绿，汤色嫩绿明亮，香气高爽有栗香，滋味醇厚甘鲜，叶底嫩绿明亮。春季一芽二叶水浸出物含量44.5%，茶多酚含量18.6%，氨基酸含量3.5%，咖啡碱含量3.3%。
适宜区域	适宜在江南茶区种植。

红韵1号

Camellia sinensis（L.）O. Kuntze 'Hongyun 1'

申 请 号	20220114
申 请 日	2022年1月29日
品种权号	20230585
授 权 日	2023年9月6日
公 告 号	国家林业和草原局公告（2023年第20号）
品种权人	宁波黄金韵茶业科技有限公司；浙江大学；宁波市农业技术推广总站
培 育 人	郑新强　张龙杰　李　明　王开荣　梁月荣　吴　颖　韩　震　黄　杨
品种来源	以'紫娟'和'黄金芽'为亲本，经杂交选育而成的新梢紫化品种。
登记情况	未登记
形态特征	植株生长势强，树型灌木型，树姿直立；新梢一芽一叶始期早，一芽二叶期第2叶颜色为深红色，芽茸毛密度稀，叶柄基部有花青苷显色；成熟叶片着生姿态向上到水平，中等椭圆形，绿色程度浅，横切面平，上表面隆起性无或弱；花萼外部有茸毛，花冠直径极小到小，内轮花瓣颜色白色，花柱分裂位置高，雌蕊高于雄蕊。
品质特征	适制绿茶。制烘青绿茶乌绿显润，汤色浅紫明亮，香气清高带鲜，滋味醇鲜回甘，叶底深绿带明亮。春季一芽二叶水浸出物含量45.7%，茶多酚含量17.4%，氨基酸含量5.4%，咖啡碱含量4.1%，花青素含量4.57 mg/g。
适宜区域	适宜在江南茶区浙江的偏酸性土壤地区种植。

浙江省

165

红韵2号

Camellia sinensis（L.）O. Kuntze 'Hongyun 2'

申 请 号	20220116
申 请 日	2022年1月29日
品种权号	20230587
授 权 日	2023年9月6日
公 告 号	国家林业和草原局公告（2023年第20号）
品种权人	宁波黄金韵茶业科技有限公司；浙江大学；余姚市农业技术推广服务总站
培 育 人	郑新强　张龙杰　李　明　王开荣　梁月荣　吴　颖　韩　震　黄　杨
品种来源	以'黄金芽'和'紫娟'为亲本，经杂交选育而成的新梢紫化品种。
登记情况	未登记
形态特征	植株生长势中到强，树型灌木型，树姿开张；新梢一芽一叶始期晚，一芽二叶期第2叶颜色为鲜红色，芽茸毛密度稀，叶柄基部有花青苷显色；叶片着生姿态向上，窄椭圆形，绿色程度中，横切面内折，上表面隆起性强；花萼外部无茸毛，花冠直径极小到小，内轮花瓣颜色白色，花柱分裂位置中到高，雌蕊高于雄蕊。
品质特征	适制绿茶。制烘青绿茶乌显绿润，汤色浅紫明亮，香气清香持久带鲜，滋味醇鲜回甘，叶底深绿明亮。春季一芽二叶水浸出物含量46.2%，茶多酚含量22.0%，氨基酸含量5.7%，咖啡碱含量4.0%，花青素含量4.3 mg/g。
适宜区域	适宜在江南茶区浙江的偏酸性土壤地区种植。

浙江省

花欲容

Camellia sinensis(L.) O. Kuntze 'Huayurong'

申 请 号 20110151.0

申 请 日 2011年2月24日

品种权号 CNA20110151.0

授 权 日 2016年1月1日

公 告 号 CNA006984G

品种权人 吴宣东

培 育 人 吴宣东

品种来源 从浙江缙云茶树群体中，经单株选育而成。

登记情况 未登记

形态特征 植株生长势弱到中，树型灌木型，树姿半开张；新梢一芽一叶期中，一芽二叶期第2叶颜色为中等绿色，芽茸毛密度密，叶柄基部无花青苷显色；成熟叶片着生姿态向上，披针形，绿色程度浅，横切面平，上表面隆起性中；花萼外部无茸毛，花冠直径中，内轮花瓣颜色为白色，花柱分裂位置高，雌雄蕊等高。

适宜区域 适宜在江南茶区浙江种植。

浙江省

169

黄金斑

Camellia sinensis（L.）O. Kuntze 'Huangjinban'

申 请 号	20120140
申 请 日	2012年8月27日
品种权号	20130039
授 权 日	2013年6月28日
公 告 号	国家林业局公告（2013年第13号）
品种权人	宁波黄金韵茶业科技有限公司；余姚市瀑布仙茗绿化有限公司；宁波市白化茶叶专业合作社
培 育 人	韩 震　王开荣　李 明　王建军　邓 隆　张龙杰　梁月荣　王盛彬
品种来源	由'黄金芽'的自然芽变白化枝，经单株选育而成的新梢白化品种。
登记情况	未登记
形态特征	植株生长势中，树型灌木型，树姿半开张；新梢一芽一叶始期早，一芽二叶期第2叶颜色为黄绿复色，芽茸毛密度稀，叶柄基部无花青苷显色；成熟叶片着生姿态向上，窄椭圆形，绿色程度中，横切面内折，上表面隆起性无或弱；花萼外部无茸毛，花冠直径极小到小，内轮花瓣颜色为白色，花柱分裂位置低，雌蕊高于雄蕊。
品质特征	适制绿茶。制烘青绿茶色绿，汤色绿明亮，香气清香持久，滋味清醇回甘，叶底嫩匀成朵、绿明亮。春季一芽二叶水浸出物含量45.2%，茶多酚含量18.3%，氨基酸含量3.2%，咖啡碱含量3.6%。
适宜区域	适宜在江南茶区浙江的偏酸性土壤地区种植。

黄金蝉

Camellia sinensis（L.）O. Kuntze 'Huangjinchan'

申 请 号	20140172
申 请 日	2014年10月27日
品种权号	20150072
授 权 日	2015年9月14日
公 告 号	国家林业局公告（2015第18号）
品种权人	宁波黄金韵茶业科技有限公司；余姚市上王园艺场
培 育 人	李 明 梁月荣 张龙杰 吴 颖 王开荣 王荣芬 郑新强 张完林 王盛彬 胡涨吉
品种来源	从'黄金芽'开放授粉后代中，经单株选育而成的新梢黄化品种。
登记情况	未登记
形态特征	植株生长势强，树型灌木型，树姿直立；新梢一芽一叶始期极早到早，一芽二叶期第2叶颜色为黄色，芽茸毛密度稀，叶柄基部无花青苷显色；成熟叶片着生姿态向上，中等椭圆形，绿色程度浅，横切面内折，上表面隆起性无或弱；花萼外部无茸毛，花冠直径小，内轮花瓣颜色为白色，花柱分裂位置低到中，雌蕊高于雄蕊。
品质特征	适制绿茶。制烘青绿茶显黄，汤色浅黄亮，香气清高持久，滋味清醇甘鲜，叶底嫩匀成朵、玉黄明亮。春季一芽二叶水浸出物含量48.6%，茶多酚含量17.2%，氨基酸含量6.2%，咖啡碱含量4.1%。
适宜区域	适宜在江南茶区浙江的偏酸性土壤地区种植。

浙江省

黄金毫

Camellia sinensis（L.）O. Kuntze 'Huangjinhao'

申 请 号 20140174

申 请 日 2014年10月27日

品种权号 20150074

授 权 日 2015年9月14日

公 告 号 国家林业局公告（2015第18号）

品种权人 宁波黄金韵茶业科技有限公司；余姚市上王园艺场

培 育 人 王开荣　张龙杰　梁月荣　李　明　郑新强　张完林　王荣芬　胡涨吉

品种来源 从'黄金芽'开放授粉后代中，经单株选育而成的新梢黄化品种。

登记情况 GPD茶树（2022）330014

形态特征 植株生长势强，树型灌木型，树姿直立；新梢一芽一叶始期早到中，一芽二叶期第2叶颜色为黄色，芽茸毛密度密，叶柄基部无花青苷显色；成熟叶片着生姿态水平到向下，窄椭圆形，绿色程度浅，横切面平，上表面隆起性中；花萼外部无茸毛，花冠直径小到中，内轮花瓣颜色为白色，花柱分裂位置低，雌蕊高于雄蕊。

品质特征 适制绿茶。制烘青绿茶黄显绿润，多毫，汤色浅黄绿明亮，叶底嫩黄绿亮，香气鲜浓，滋味鲜醇。春季一芽二叶水浸出物含量44.9%，茶多酚含量13.9%，氨基酸含量7.2%，咖啡碱含量4.5%。

适宜区域 适宜在浙江、云南、江苏的偏酸性土壤地区种植。

浙江省

175

黄金甲

Camellia sinensis（L.）O. Kuntze 'Huangjinjia'

申 请 号 20130161

申 请 日 2013年11月10日

品种权号 20140086

授 权 日 2014年6月27日

公 告 号 国家林业局公告（2014年第10号）

品种权人 宁波黄金韵茶业科技有限公司；浙江大学

培 育 人 王开荣　梁月荣　张龙杰　吴　颖　李　明　邓　隆　王盛彬　韩　震　王荣芬　郑新强

品种来源 从'黄金芽'开放授粉后代中，经单株选育而成的新梢黄化品种。

登记情况 GPD茶树（2022）330018

形态特征 植株生长势强，树型灌木型，树姿直立；新梢一芽一叶始期极早到早，一芽二叶期第2叶颜色为黄色，芽茸毛密度稀，叶柄基部无花青苷显色；成熟叶片着生姿态向上到水平，中等椭圆形，绿色程度浅，横切面内折，上表面隆起性无或弱；花萼外部无茸毛，花冠直径中，内轮花瓣颜色为白色，花柱分裂位置中，雌蕊高于雄蕊。

品质特征 适制绿茶。制烘青绿茶黄润，汤色黄绿亮，香气鲜浓，滋味浓醇较鲜爽，叶底嫩匀较成朵、鹅黄明亮。春季一芽二叶水浸出物含量47.1%，茶多酚含量15.8%，氨基酸含量7.3%，咖啡碱含量3.8%。

适宜区域 适宜在浙江、广西、安徽、江苏、江西、山东的偏酸性土壤、光照相对较弱的地区种植。

黄叶宝

Camellia sinensis（L.）O. Kuntze 'Huangyebao'

申 请 号	20130589.0
申 请 日	2013年7月1日
品种权号	CNA20130589.0
授 权 日	2016年3月1日
公 告 号	CNA007225G
品种权人	吕才宝；戚国荣；中国农业科学院茶叶研究所
培 育 人	吕才宝　戚国荣　陈　亮
品种来源	从浙江德清群体种中，经单株选育而成的新梢黄化品种。
登记情况	未登记
形态特征	植株生长势中，树型灌木型，树姿开张；新梢一芽一叶期晚，一芽二叶期第2叶颜色为黄绿色，芽茸毛密度稀到中，叶柄基部无花青苷显色；成熟叶片着生姿态向上，窄椭圆形，绿色程度中，横切面内折，上表面隆起性无或弱；花萼外部无茸毛，花冠直径小到中，内轮花瓣颜色为白色，花柱分裂位置高，雌雄蕊等高。
适宜区域	适宜在浙江种植。

浙江省

金川红妃

Camellia sinensis(L.) O. Kuntze 'Jinchuan Hongfei'

申 请 号	20190264
申 请 日	2019年3月28日
品种权号	20200125
授 权 日	2020年7月29日
公 告 号	国家林业和草原局公告（2020年第13号）
品种权人	宁波黄金韵茶业科技有限公司；余姚市农业技术推广服务总站
培 育 人	张龙杰　吴　颖　梁月荣　李　明　王开荣　胡涨吉　王荣芬　郑新强
品种来源	以'黄金芽'和'紫娟'为亲本，经杂交选育而成的新梢白化紫化品种。
登记情况	未登记
形态特征	植株生长势中，树型灌木型，树姿直立；新梢一芽一叶始期早，一芽二叶期第2叶颜色为橙黄色，芽茸毛密度稀，叶柄基部有花青苷显色；成熟叶片着生姿态向上，窄椭圆形，绿色程度浅，横切面内折，上表面隆起性中；花萼外部无茸毛，花冠直径极小到小，内轮花瓣颜色为白色，花柱分裂位置中，雌蕊高于雄蕊。
品质特征	适制绿茶。制烘青绿茶色黄亮，汤色浅黄明亮，香气清高，滋味鲜醇爽，较浓，叶底嫩黄亮。春季一芽二叶水浸出物含量44.4%，茶多酚含量15.1%，氨基酸含量6.6%，咖啡碱含量3.7%。
适宜区域	适宜在江南茶区浙江的偏酸性土壤地区种植。

浙江省

金玉满堂

Camellia sinensis（L.）O. Kuntze 'Jinyu Mantang'

申 请 号	20140173
申 请 日	2014年10月27日
品种权号	20150073
授 权 日	2015年9月14日
公 告 号	国家林业局公告（2015第18号）
品种权人	宁波黄金韵茶业科技有限公司；余姚市上王园艺场
培 育 人	王开荣　张龙杰　李　明　王建军　邓　隆　胡涨吉　张完林　王荣芬
品种来源	从浙江余姚茶树群体种中，经单株选育而成的新梢白化品种。
登记情况	未登记
形态特征	植株生长势中，树型灌木型，树姿开张；新梢一芽一叶始期晚，一芽二叶期第2叶颜色为浅绿色，芽茸毛密度稀，叶柄基部无花青苷显色；成熟叶片着生姿态水平，中等椭圆形，绿色程度中，横切面内折，上表面隆起性无或弱；花萼外部有茸毛，花冠直径小，内轮花瓣颜色为白色，花柱分裂位置中，雌蕊高于雄蕊。
品质特征	适制绿茶。制烘青绿茶绿润，汤色绿明亮，香气清高持久，滋味醇爽，叶底嫩匀成朵、绿明亮。春季一芽二叶水浸出物含量46.1%，茶多酚含量20.1%，氨基酸含量3.4%，咖啡碱含量3.9%。
适宜区域	适宜在江南茶区浙江的偏酸性土壤地区种植。

浙江省

183

金玉缘

Camellia sinensis（L.）O. Kuntze 'Jinyuyuan'

申 请 号	20120141
申 请 日	2012年8月27日
品种权号	20130040
授 权 日	2013年6月28日
公 告 号	国家林业局公告（2013年第13号）
品种权人	宁波黄金韵茶业科技有限公司；宁波市白化茶叶专业合作社
培 育 人	王开荣　张龙杰　王荣芬　张完林　王盛彬　吴　颖
品种来源	从'黄金芽'的自然芽变白化枝，经单株选育而成的新梢白化品种。
登记情况	未登记
形态特征	植株生长势弱到中，树型灌木型，树姿半开张；新梢一芽一叶始期早，一芽二叶期第2叶颜色为黄色，芽茸毛密度稀，叶柄基部无花青苷显色；成熟叶片着生姿态向上到水平，窄椭圆形，绿色程度浅，横切面内折，上表面隆起性无或弱；花萼外部无茸毛，花冠直径极小到小，内轮花瓣颜色为白色，花柱分裂位置低，雌蕊高于雄蕊。
品质特征	适制绿茶。制烘青绿茶显黄，汤色浅黄绿明亮，香气清鲜持久，滋味鲜醇回甘，叶底嫩匀成朵、黄明亮。春季一芽二叶水浸出物含量43.3%，茶多酚含量16.5%，氨基酸含量3.8%，咖啡碱含量3.6%。
适宜区域	适宜在江南茶区的浙江偏酸性土壤、光照相对较弱的地区种植。

浙江省

径山1号

Camellia sinensis（L.）O. Kuntze 'Jingshan 1'

申 请 号	20151578.9
申 请 日	2015年11月9日
品种权号	CNA20151578.9
授 权 日	2019年5月24日
公 告 号	CNA012889G
品种权人	杭州市余杭区农业技术推广中心；中国农业科学院茶叶研究所
培 育 人	胡剑光　马春雷　庞法松　陈　亮　陈　峰　马建强　冯海强　金基强　余秋珠
品种来源	从浙江'鸠坑种'中，经单株选育而成。
登记情况	GPD茶树（2022）330044
形态特征	植株生长势弱，树型灌木型，树姿开张；新梢一芽一叶始期中，一芽二叶期第2叶颜色为浅绿色，芽茸毛密度中，叶柄基部无花青苷显色；成熟叶片着生姿态向上，窄椭圆形，绿色程度深，横切面平，上表面隆起性中；花萼外部无茸毛，花冠直径小到中，内轮花瓣颜色为白色，花柱分裂位置中，雌蕊高于雄蕊。
品质特征	适制绿茶。制烘青绿茶外形紧结、较翠绿、略有毫，汤色嫩绿明亮，香气高鲜馥郁，滋味清鲜甘和，叶底嫩匀、尚绿。春季一芽二叶水浸出物含量51.6%，茶多酚含量21.7%，氨基酸含量3.4%，咖啡碱含量2.6%。
适宜区域	适宜在江南茶区浙江杭州种植。

径山2号

Camellia sinensis（L.）O. Kuntze 'Jingshan 2'

申 请 号	20151375.4
申 请 日	2015年10月9日
品种权号	CNA20151375.4
授 权 日	2019年5月24日
公 告 号	CNA012888G
品种权人	中国农业科学院茶叶研究所；杭州市余杭区农业技术推广中心
培 育 人	陈　亮　庞法松　马春雷　胡剑光　陈　峰　冯海强　金基强　马建强
品种来源	从浙江'鸠坑种'中，经单株选育而成。
登记情况	GPD茶树（2022）330045
形态特征	植株生长势中，树型灌木型，树姿半开张；新梢一芽一叶始期早，一芽二叶期第2叶颜色为浅绿色，芽茸毛密度中，叶柄基部无花青苷显色；成熟叶片着生姿态向上，窄椭圆形，绿色程度深，横切面内折，上表面隆起性无或弱；花萼外部无茸毛，花冠直径小到中，内轮花瓣颜色为白色，花柱分裂位置中，雌蕊高于雄蕊。
品质特征	适制绿茶。制烘青绿茶外形细紧、翠绿较鲜活、显毫，汤色嫩绿清澈明亮，香气清高鲜爽、花香显，滋味甘醇鲜爽，叶底嫩匀、略有芽、绿。春季一芽二叶水浸出物含量51.7%，茶多酚含量18.6%，氨基酸含量4.3%，咖啡碱含量2.8%。
适宜区域	适宜在江南茶区浙江杭州种植。

鸠16

Camellia sinensis（L.）O. Kuntze 'Jiu 16'

申 请 号 20201000010

申 请 日 2020年1月7日

品种权号 CNA20201000010

授 权 日 2021年12月30日

公 告 号 CNA019949G

品种权人 淳安县农业技术推广中心

培 育 人 王华建 邵宗清 李 继 胡 多 童西川 余淑芳 汪光军 伍群群 夏福根 余梅林 章中良 童义苟 童浦高 徐金城 上官法生

品种来源 从浙江'鸠坑种'群体中，经单株选育而成。

登记情况 未登记

形态特征 植株生长势中到强，树型灌木型，树姿半开张；新梢一芽一叶始期早到中，一芽二叶期第2叶颜色为浅绿色，芽茸毛密度中，叶柄基部无花青苷显色；成熟叶片着生姿态向上，窄椭圆形，绿色程度中，横切面内折，上表面隆起性中；花萼外部无茸毛，花冠直径小到中，内轮花瓣颜色为白色，花柱分裂位置中，雌蕊略高于雄蕊。

品质特征 适制绿茶。制绿茶色泽嫩绿鲜润，汤色嫩绿明亮，香气馥郁呈嫩栗香，滋味甘醇鲜爽，叶底肥壮成朵、嫩绿明亮。春季一芽一叶水浸出物含量48.3%，茶多酚含量18.7%、氨基酸含量6.1%、咖啡碱含量3.6%。

适宜区域 适宜在江南茶区种植。

浙江省

191

丽白1号

Camellia sinensis（L.）O. Kuntze 'Libai 1'

申 请 号	20181381.3
申 请 日	2018年4月28日
品种权号	CNA20181381.3
授 权 日	2023年5月24日
公 告 号	CNA026907G
品种权人	丽水市农业科学研究院
培 育 人	何卫中　雷晓华　严　芳　包佐淼
品种来源	从浙江景宁茶树群体种中，经单株选育而成的新梢白化品种。
登记情况	未登记
形态特征	植株生长势中，树型灌木型到小乔木型，树姿直立到半开张；新梢一芽一叶始期中到晚，一芽二叶期第2叶颜色为黄绿色，芽茸毛密度中，叶柄基部无花青苷显色；成熟叶片着生姿态向上，窄椭圆形，绿色程度中，横切面内折，上表面隆起性无或弱；花萼外部无茸毛，花冠直径小，内轮花瓣颜色为白色，花柱分裂位置中到高，雌蕊略高于雄蕊。
品质特征	适制绿茶。制烘青绿茶外形色绿显金黄，香气清高，滋味醇鲜，叶底乳白明亮。春季一芽二叶水浸出物含量47.4%，茶多酚含量21.6%，氨基酸总量5.7%，咖啡碱含量4.3%。
适宜区域	适宜在江南茶区的浙江偏酸性土壤地区种植。

浙江省

丽白4号

Camellia sinensis（L.）O. Kuntze 'Libai 4'

申 请 号	20184169.5
申 请 日	2018年12月12日
品种权号	CNA20184169.5
授 权 日	2023年5月24日
公 告 号	CNA026926G
品种权人	丽水市农业科学研究院
培 育 人	何卫中　严　芳　娄艳华　郑生宏　邵静娜
品种来源	从浙江景宁茶树群体种中，经单株选育而成的新梢白化品种。
登记情况	未登记
形态特征	植株生长势中，树型灌木型，树姿开张；新梢一芽一叶始期中到晚，一芽二叶期第2叶颜色为黄绿色，芽茸毛密度稀，叶柄基部无花青苷显色；成熟叶片着生姿态向上，窄椭圆形，绿色程度浅到中，横切面内折，上表面隆起性无或弱；花萼外部无茸毛，花冠直径小，内轮花瓣颜色为白色，花柱分裂位置中到高，雌雄蕊等高。
品质特征	适制绿茶和红茶。制绿茶汤色黄明，香气高雅，滋味醇鲜，叶底嫩白明亮；制红茶汤色红艳，香气高，滋味醇鲜。春季一芽二叶水浸出物含量47.0%，茶多酚含量20.0%，氨基酸含量6.5%
适宜区域	适宜在江南茶区的浙江偏酸性土壤地区种植。

浙江省

丽茶1号

Camellia sinensis（L.）O. Kuntze 'Licha 1'

申 请 号	20183900.1
申 请 日	2018年11月29日
品种权号	CNA20183900.1
授 权 日	2023年5月24日
公 告 号	CNA026925G
品种权人	丽水市农业科学研究院
培 育 人	何卫中　严　芳　刘　瑜　包佐淼
品种来源	从浙江景宁茶树群体种中，经单株选育而成。
登记情况	未登记
形态特征	植株生长势中，树型灌木型到小乔木型，树姿直立到半开张；新梢一芽一叶始期中到晚，一芽二叶期第2叶颜色为浅绿色，芽茸毛密度中，叶柄基部无花青苷显色；成熟叶片着生姿态向上，窄椭圆形，绿色程度中，横切面平，上表面隆起性无或弱；花萼外部无茸毛，花冠直径小，内轮花瓣颜色为白色，花柱分裂位置高，雌雄蕊等高。
品质特征	适制绿茶和红茶。制烘青绿茶汤色黄绿明，香气高雅带花香，滋味醇鲜；制红茶汤色红艳，香气高，滋味浓醇。春季一芽二叶水浸出物含量49.6%，茶多酚含量19.2%，氨基酸含量4.5%，咖啡碱含量3.6%。
适宜区域	适宜在江南茶区的浙江偏酸性土壤地区种植。

浙江省

197

丽茶2号

Camellia sinensis（L.）O. Kuntze 'Licha 2'

申 请 号	20184680.5
申 请 日	2018年12月29日
品种权号	CNA20184680.5
授 权 日	2023年5月24日
公 告 号	CNA026928G
品种权人	丽水市农业科学研究院
培 育 人	严　芳　何卫中　潘建义　娄艳华　马军辉
品种来源	从浙江景宁茶树群体种中，经单株选育而成。
登记情况	未登记
形态特征	植株生长势中到强，树型灌木型到小乔木型，树姿半开张到开张；新梢一芽一叶始期中到晚，一芽二叶期第2叶颜色为中等绿色，芽茸毛密度中，叶柄基部有花青苷显色；成熟叶片着生姿态向上，窄椭圆形，绿色程度中，横切面平，上表面隆起性无或弱；花萼外部无茸毛，花冠直径中到大，内轮花瓣颜色为白色，花柱分裂位置低到中，雌蕊高于雄蕊。
品质特征	适制绿茶和红茶。制烘青绿茶外形条索紧结显毫，汤色黄绿明亮，香气清高，滋味醇鲜；制红茶汤色红艳，香气高，滋味浓醇。春季一芽二叶水浸出物含量48.7%，茶多酚含量22.3%，氨基酸含量3.8%，咖啡碱含量3.1%。
适宜区域	适宜在江南茶区的浙江偏酸性土壤地区种植。

浙江省

199

丽黄2号

Camellia sinensis（L.）O. Kuntze 'Lihuang 2'

申 请 号	20181383.1
申 请 日	2018年4月28日
品种权号	CNA20181383.1
授 权 日	2023年5月24日
公 告 号	CNA026908G
品种权人	丽水市农业科学研究院
培 育 人	何卫中　严　芳　娄艳华　廖陈付
品种来源	从浙江景宁茶树群体种中，经单株选育而成的新梢黄化品种。
登记情况	未登记
形态特征	植株生长势中到强，树型灌木型，树姿半开张；新梢一芽一叶始期中到晚，一芽二叶期第2叶颜色为浅绿色，芽茸毛密度稀到中，叶柄基部无花青苷显色；成熟叶片着生姿态向上，窄椭圆形，绿色程度中，横切面平，上表面隆起性无或弱；花萼外部无茸毛，花冠直径小到中，内轮花瓣颜色为白色，花柱分裂位置高，雌雄蕊等高。
品质特征	适制绿茶。制烘青绿茶外形色绿显金黄，香气清高，滋味醇鲜，叶底乳白明亮。春季一芽二叶水浸出物含量46.5%，茶多酚含量23.6%，氨基酸含量5.2%，咖啡碱含量4.1%。
适宜区域	适宜在江南茶区的浙江偏酸性土壤地区种植。

浙江省

丽黄3号

Camellia sinensis（L.）O. Kuntze 'Lihuang 3'

申 请 号	20181676.7
申 请 日	2018年5月17日
品种权号	CNA20181676.7
授 权 日	2023年5月24日
公 告 号	CNA026916G
品种权人	丽水市农业科学研究院
培 育 人	严 芳 何卫中 娄艳华 包佐淼 刘建平
品种来源	从浙江景宁茶树群体种中，经单株选育而成的新梢黄化品种。
登记情况	未登记
形态特征	植株生长势弱到中，树型灌木型，树姿半开张到开张；新梢一芽一叶始期中到晚，一芽二叶期第2叶颜色为黄绿色，芽茸毛密度稀，叶柄基部无花青苷显色；成熟叶片着生姿态向上，窄椭圆形，绿色程度极浅到浅，横切面内折，上表面隆起性中；花萼外部无茸毛，花冠直径大，内轮花瓣颜色为白色，花柱分裂位置高，雌蕊高于雄蕊。
品质特征	适制绿茶。制烘青绿茶外形色泽金黄、条索紧细显毫，汤色黄明，香气高雅，滋味醇鲜，叶底嫩黄成朵。春季一芽二叶水浸出物含量47.6%，茶多酚含量23.5%，氨基酸含量4.1%。
适宜区域	适宜在江南茶区的浙江中高海拔偏酸性土壤地区种植。

浙江省

203

丽早1号

Camellia sinensis（L.）O. Kuntze 'Lizao 1'

申 请 号	20181384.0
申 请 日	2018年4月28日
品种权号	CNA20181384.0
授 权 日	2023年5月24日
公 告 号	CNA026909G
品种权人	丽水市农业科学研究院
培 育 人	王碧林　何卫中　严　芳　马军辉　潘建义　郑生宏
品种来源	从浙江丽水莲都茶树群体种中，经单株选育而成。
登记情况	未登记
形态特征	植株生长势强，树型灌木型，树姿半开张；新梢一芽一叶始期极早到早，一芽二叶期第2叶颜色为中等绿色，芽茸毛密度稀到中，叶柄基部无花青苷显色；成熟叶片着生姿态向上到水平，中等椭圆形，绿色程度中，横切面内折，上表面隆起性无或弱；花萼外部无茸毛，花冠直径小到中，内轮花瓣颜色为白色，花柱分裂位置高，雌雄蕊等高。
品质特征	适制绿茶。制扁形绿茶外形扁平色泽嫩绿，汤色绿明亮，滋味醇鲜，香气高，板栗香明显。春季一芽二叶水浸出物含量43.5%，茶多酚含量18.7%，氨基酸含量2.5%，咖啡碱含量1.9%。
适宜区域	适宜在江南茶区的浙江中低海拔偏酸性土壤地区种植。

丽早2号

Camellia sinensis（L.）O. Kuntze 'Lizao 2'

申 请 号	20181674.9
申 请 日	2018年5月17日
品种权号	CNA20181674.9
授 权 日	2023年5月24日
公 告 号	CNA026914G
品种权人	丽水市农业科学研究院
培 育 人	何卫中　郑生宏　邵静娜　娄艳华　雷晓华
品种来源	从浙江景宁茶树群体种中，经单株选育而成。
登记情况	未登记
形态特征	植株生长势中到强，树型灌木型到小乔木型，树姿半开张；新梢一芽一叶始期早，一芽二叶期第2叶颜色为浅绿色，芽茸毛密度中，叶柄基部无花青苷显色；成熟叶片着生姿态水平，窄椭圆形，绿色程度中，横切面平，上表面隆起性无或弱；花萼外部无茸毛，花冠直径小到中，内轮花瓣颜色为白色，花柱分裂位置高，雌雄蕊等高。
品质特征	适制绿茶。制烘青绿茶外形条索紧结、满批茶毫，汤色黄明，香气高雅，滋味醇鲜。春季一芽二叶水浸出物含量47.8%，茶多酚含量23.2%，氨基酸含量3.7%。
适宜区域	适宜在江南茶区的浙江偏酸性土壤地区种植。

浙江省

207

丽早3号

Camellia sinensis（L.）O. Kuntze 'Lizao 3'

申 请 号	20181675.8
申 请 日	2018年5月17日
品种权号	CNA20181675.8
授 权 日	2023年5月24日
公 告 号	CNA026915G
品种权人	丽水市农业科学研究院
培 育 人	何卫中　娄艳华　疏再发　吉庆勇　严　芳
品种来源	从浙江景宁茶树群体种中，经单株选育而成。
登记情况	未登记
形态特征	植株生长势中到强，树型灌木型到小乔木型，树姿半开张；新梢一芽一叶始期早，一芽二叶期第2叶颜色为浅绿色，芽茸毛密度中，叶柄基部无花青苷显色；成熟叶片着生姿态向上，窄椭圆形，绿色程度中，横切面平，上表面隆起性无或弱；花萼外部无茸毛，花冠直径极小到小，内轮花瓣颜色为白色，花柱分裂位置高，雌蕊略高于雄蕊。
品质特征	适制绿茶。制烘青绿茶外形条索细紧、色泽绿润，汤色黄明，香气高雅，滋味醇鲜。春季一芽二叶水浸出物含量48.3%，茶多酚含量22.6%，氨基酸含量4.1%。
适宜区域	适宜在江南茶区的浙江偏酸性土壤地区种植。

丽紫1号

Camellia sinensis（L.）O. Kuntze 'Lizi 1'

申 请 号	20181386.8
申 请 日	2018年4月28日
品种权号	CNA20181386.8
授 权 日	2023年5月24日
公 告 号	CNA026911G
品种权人	丽水市农业科学研究院
培 育 人	何卫中　刘　饶　严　芳　刘慧平　缪叶旻子
品种来源	从浙江景宁茶树群体种中，经单株选育而成的新梢紫化品种。
登记情况	未登记
形态特征	植株生长势中，树型灌木型，树姿半开张；新梢一芽一叶始期中，一芽二叶期第2叶颜色为紫绿色，芽茸毛密度中，叶柄基部有花青苷显色；成熟叶片着生姿态向上，中等椭圆形，绿色程度中，横切面平，上表面隆起性无或弱；花萼外部无茸毛，花冠直径极小到小，内轮花瓣颜色为白色，花柱分裂位置高，雌蕊高于雄蕊。
品质特征	适制绿茶和红茶。制烘青绿茶外形条索细紧、色泽墨绿，汤色黄明，香气高雅，滋味醇鲜；制红茶外形条索细紧、色泽乌润，汤色红艳，香气高，滋味浓醇。春季一芽二叶水浸出物含量49.0%，茶多酚含量28.1%，氨基酸含量3.1%，咖啡碱含量3.2%。
适宜区域	适宜在江南茶区的浙江偏酸性土壤地区种植。

浙江省

丽紫2号

Camellia sinensis（L.）O. Kuntze 'Lizi 2'

申 请 号	20181677.6
申 请 日	2018年5月17日
品种权号	CNA20181677.6
授 权 日	2023年5月24日
公 告 号	CNA026917G
品种权人	丽水市农业科学研究院
培 育 人	何卫中　邵静娜　娄艳华　郑生宏　严　芳　周巧明
品种来源	从浙江遂昌茶树群体种中，经单株选育而成的新梢紫化品种。
登记情况	未登记
形态特征	植株生长势中，树型灌木型，树姿半开张到开张；新梢一芽一叶始期晚，一芽二叶期第2叶颜色为紫绿色，芽茸毛密度中到密，叶柄基部有花青苷显色；成熟叶片着生姿态向上，窄椭圆形，绿色程度中到深，横切面内折，上表面隆起性无或弱；花萼外部无茸毛，花冠直径中，内轮花瓣颜色为白色，花柱分裂位置中，雌蕊略高于雄蕊。
品质特征	春季一芽二叶水浸出物含量48.2%，茶多酚含量29.1%，氨基酸含量3.0%，咖啡碱含量3.2%。
适宜区域	适宜在江南茶区的浙江偏酸性土壤地区种植。

丽紫3号

Camellia sinensis（L.）O. Kuntze 'Lizi 3'

申 请 号	20181678.5
申 请 日	2018年5月17日
品种权号	CNA20181678.5
授 权 日	2023年5月24日
公 告 号	CNA026918G
品种权人	丽水市农业科学研究院
培 育 人	何卫中　娄艳华　严　芳　郑生宏
品种来源	从浙江景宁茶树群体种中，经单株选育而成的新梢紫化品种。
登记情况	未登记
形态特征	植株生长势中，树型灌木型，树姿半开张到开张；新梢一芽一叶始期晚，一芽二叶期第2叶颜色为紫绿色，芽茸毛密度中到密，叶柄基部有花青苷显色；成熟叶片着生姿态向上，窄椭圆形，绿色程度中，横切面内折，上表面隆起性无或弱；花萼外部无茸毛，花冠直径极小到小，内轮花瓣颜色为白色，花柱分裂位置高，雌蕊高于雄蕊。
品质特征	适制绿茶和红茶。制烘青绿茶外形条素紧细带毫、色深绿润，汤色黄明，香气高雅，滋味醇鲜；制工夫红茶汤色红艳，香气高，滋味浓醇。春季一芽二叶水浸出物含量46.1%，茶多酚含量29.2%，氨基酸含量3.8%，咖啡碱含量4.2%。
适宜区域	适宜在江南茶区的浙江偏酸性土壤地区种植。

浙江省

215

栗峰

Camellia sinensis（L.）O. Kuntze 'Lifeng'

申 请 号	20130064.4
申 请 日	2013年1月17日
品种权号	CNA20130064.4
授 权 日	2017年1月1日
公 告 号	CNA008304G
品种权人	杭州市农业科学研究院
培 育 人	黄海涛　余继忠　王凤雷　郑旭霞　周铁锋　敖　存
品种来源	从浙江淳安'鸠坑种'中，经单株选育而成。
登记情况	GPD茶树（2021）330025
形态特征	植株生长势中，树型灌木型，树姿半开张；新梢一芽一叶始期早，一芽二叶期第2叶颜色为浅绿色，芽茸毛密度中，叶柄基部无花青苷显色；成熟叶片着生姿态向上，中等椭圆形，绿色程度中，横切面平，上表面隆起性中；花萼外部无茸毛，花冠直径小，内轮花瓣颜色为白色，花柱分裂位置低，雌蕊高于雄蕊。
品质特征	适制绿茶。制烘青绿茶外形嫩绿油润，汤色嫩绿明亮，香气高爽、栗香显，滋味浓醇甘爽，叶底嫩厚成朵。春季一芽二叶水浸出物含量51.2%，茶多酚含量20.6%，氨基酸含量3.8%，咖啡碱含量3.7%。
适宜区域	适宜在江南茶区种植。

龙曲1号

Camellia sinensis（L.）O. Kuntze 'Longqu 1'

申 请 号	20140311.4
申 请 日	2014年3月6日
品种权号	CNA20140311.4
授 权 日	2019年1月31日
公 告 号	CNA012563G
品种权人	中国农业科学院茶叶研究所
培 育 人	王丽鸳　成　浩　韦　康　张成才　吴立赟
品种来源	从浙江杭州'龙井种'中，经单株选育而成。
登记情况	未登记
形态特征	植株生长势弱，树型灌木型，树姿直立到半开张；枝条有"之"字形；新梢一芽一叶始期中，一芽二叶期第2叶颜色为浅绿色，芽茸毛密度中到密，叶柄基部无花青苷显色；成熟叶片着生姿态向上到水平，窄椭圆形，绿色程度中到深，横切面内折，上表面隆起性无或弱；花萼外部无茸毛，花冠直径中，内轮花瓣颜色为白色，花柱分裂位置低到中，雌蕊略高于雄蕊。
品质特征	适制绿茶。制烘青绿茶外形紧结卷曲、略有毫深绿，汤色嫩绿明亮，香气清高馥郁，有嫩香、花香，滋味鲜醇甘爽，叶底细嫩成朵。春季一芽二叶水浸出物含量48.4%，茶多酚含量20.2%，氨基酸含量4.0%，咖啡碱含量3.2%。
适宜区域	适宜在江南茶区的浙江偏酸性土壤地区种植。

浙江省

219

龙曲2号

Camellia sinensis（L.）O. Kuntze 'Longqu 2'

申 请 号	20140312.3
申 请 日	2014年3月6日
品种权号	CNA20140312.3
授 权 日	2019年1月31日
公 告 号	CNA012564G
品种权人	中国农业科学院茶叶研究所
培 育 人	王丽鸳　成　浩　曾建明　韦　康　张成才　吴立赟
品种来源	从浙江杭州'龙井种'中，经单株选育而成。
登记情况	未登记
形态特征	植株生长势极弱到弱，树型灌木型，树姿直立到半开张；枝条有"之"字形；新梢一芽一叶始期中，一芽二叶期第2叶颜色为紫绿色，芽茸毛密度稀到中，叶柄基部有花青苷显色；成熟叶片着生姿态向上，披针形，绿色程度中到深，横切面内折，上表面隆起性无或弱；花萼外部无茸毛，花冠直径小，内轮花瓣颜色为白色，花柱分裂位置高，雌蕊略高于雄蕊。
品质特征	适制绿茶。制烘青绿茶外形较细紧略卷曲、微有毫墨绿，汤色黄绿，香气高鲜、有花香，滋味甘醇鲜爽，叶底嫩匀、微有芽。春季一芽二叶水浸出物含量48.6%，茶多酚含量19.2%，氨基酸含量6.5%，咖啡碱含量3.1%。
适宜区域	适宜在江南茶区的浙江偏酸性土壤地区种植。

浙江省

磐茶1号

Camellia sinensis（L.）O. Kuntze 'Pancha 1'

申 请 号	20141371.9
申 请 日	2014年11月24日
品种权号	CNA20141371.9
授 权 日	2019年1月31日
公 告 号	CNA012567G
品种权人	磐安县农业局；杭州市农业科学研究院
培 育 人	张兰美　郑旭霞　赵樟财　毛宇骁　黄海涛　倪顺尧　陈文明　敖　存
品种来源	从浙江磐安'木禾种'中，经单株选育而成。
登记情况	GPD茶树（2022）330058
形态特征	植株生长势弱到中，树型灌木型，树姿半开张到开张；新梢一芽一叶始期中到晚，一芽二叶期第2叶颜色为浅绿色，芽茸毛密度中，叶柄基部无花青苷显色；成熟叶片着生姿态向上到水平，窄椭圆形，绿色程度中，横切面平，上表面隆起性中；花萼外部有茸毛，花冠直径小到中，内轮花瓣颜色为白色，花柱分裂位置中到高，雌雄蕊等高。
品质特征	适制绿茶。制烘青绿茶外形紧结略卷曲、嫩绿带翠显毫，汤色浅嫩绿清澈明亮，香气高鲜显花香，滋味甘醇鲜爽，叶底肥嫩较嫩绿明亮。春季一芽二叶水浸出物含量48.4%，茶多酚含量20.2%，氨基酸含量4.8%，咖啡碱含量2.9%。
适宜区域	适宜在江南茶区种植。

浙江省

平水日铸茶1号

Camellia sinensis(L.)O. Kuntze 'Pingshui Rizhucha 1'

申 请 号	20191000306
申 请 日	2019年2月13日
品种权号	CNA20191000306
授 权 日	2022年5月10日
公 告 号	CNA020709G
品种权人	中国农业科学院茶叶研究所；绍兴市柯桥区农林局
培 育 人	马春雷　金银永　姚明哲　王卓琴　陈　亮　宋　晓　马建强　冯启华
品种来源	从浙江'鸠坑种'中，经单株选育而成。
登记情况	未登记
形态特征	植株生长势中到强，树型灌木型，树姿半开张；新梢一芽一叶始期早，一芽二叶期第2叶颜色为黄绿色，芽茸毛密度中，叶柄基部无花青苷显色；成熟叶片着生姿态向上，中等椭圆形，绿色程度中，横切面平，上表面隆起性中；花萼外部有茸毛，花冠直径小到中，内轮花瓣颜色为白色，花柱分裂位置中到高，雌雄蕊等高。
品质特征	适制绿茶。制烘青绿茶外形翠绿、显毫，汤色嫩绿，香气栗香，滋味醇爽、带鲜。春季一芽二叶氨基酸含量4.1%，咖啡碱含量2.9%，儿茶素总量18.9%。
适宜区域	适宜在江南茶区种植。

浙江省

225

平水日铸茶2号

Camellia sinensis（L.）O. Kuntze 'Pingshui Rizhucha 2'

申 请 号	20191000307
申 请 日	2019年2月13日
品种权号	CNA20191000307
授 权 日	2022年5月10日
公 告 号	CNA020710G
品种权人	绍兴市柯桥区农林局；中国农业科学院茶叶研究所
培 育 人	金银永　姚明哲　王卓琴　陈　亮　宋　晓　马春雷　马建强　冯启华
品种来源	从浙江'鸠坑种'中，经单株选育而成。
登记情况	未登记
形态特征	植株生长势强，灌木型，树姿半开张；在杭州地区春茶一芽一叶始期早，一芽二叶期第2叶颜色为浅绿色，芽茸毛密度极稀，叶柄基部无花青苷显色；叶片着生姿态向上，窄椭圆形，绿色程度深，横切面平，上表面隆起性中；花萼外部无茸毛，花冠直径小到中，内轮花瓣颜色为白色，花柱分裂位置中，雌蕊高于雄蕊。
品质特征	适制绿茶。制烘青绿茶外形细嫩、翠绿，汤色黄绿、明亮，香气嫩香，滋味清爽。春季一芽二叶氨基酸含量3.5%，咖啡碱含量2.3%，儿茶素总量17.5%。
适宜区域	适宜在江南茶区种植。

浙江省

千秋墨

Camellia sinensis（L.）O. Kuntze 'Qianqiumo'

申 请 号 20190259

申 请 日 2019年3月28日

品种权号 20200120

授 权 日 2020年7月29日

公 告 号 国家林业和草原局公告（2020年第13号）

品种权人 宁波黄金韵茶业科技有限公司；余姚市农业技术推广服务总站

培 育 人 王开荣　李　明　张龙杰　梁月荣　吴　颖　郑新强　王荣芬　胡涨吉

品种来源 以'紫娟'和'黄金芽'为亲本，经杂交选育而成的新梢紫化品种。

登记情况 未登记

形态特征 植株生长势中到强，树型灌木型，树姿直立；新梢一芽一叶始期早到中，一芽二叶期第2叶颜色为紫色，芽茸毛密度稀，叶柄基部有花青苷显色；成熟叶片着生姿态向上到水平，窄椭圆形，绿色程度深，横切面平，上表面隆起性无或弱；花萼外部无茸毛，花冠直径小，内轮花瓣颜色为白色，花柱分裂位置高，雌蕊高于雄蕊。

品质特征 适制绿茶。制烘青绿茶外形深乌隐绿，汤色紫带绿、明亮，香气清纯略鲜，滋味醇尚鲜，叶底深绿带紫、明亮。春季一芽二叶水浸出物含量45.3%，茶多酚含量18.9%，氨基酸含量2.3%，咖啡碱含量3.3%，花青素含量9.89 mg/g。

适宜区域 适宜在江南茶区浙江的偏酸性土壤地区种植。

浙江省

229

瑞雪1号

Camellia sinensis（L.）O. Kuntze 'Ruixue 1'

申 请 号	20130159
申 请 日	2013年11月10日
品种权号	20140084
授 权 日	2014年6月27日
公 告 号	国家林业局公告（2014年第10号）
品种权人	宁波黄金韵茶业科技有限公司；浙江大学
培 育 人	王开荣　梁月荣　张龙杰　李　明　邓　隆　韩　震　王荣芬　郑新强　吴　颖　王盛彬
品种来源	从'四明雪芽'开放授粉后代中，经单株选育而成的新梢白化品种。
登记情况	GPD茶树（2022）330015
形态特征	植株生长势强，树型灌木型，树姿直立；新梢一芽一叶始期早，一芽二叶期第2叶颜色为白色，芽茸毛密度稀，叶柄基部无花青苷显色；成熟叶片着生姿态向上到水平，中等椭圆形，绿色程度深，横切面内折，上表面隆起性无或弱；花萼外部无茸毛，花冠直径小，内轮花瓣颜色为白色，花柱分裂位置中到高，雌蕊高于雄蕊。
品质特征	适制绿茶。制烘青绿茶嫩绿鲜亮、有金黄片，汤色嫩绿明亮，香气清鲜较浓，滋味鲜醇爽，叶底细嫩尚成朵、玉白明亮稍带绿。春季一芽二叶水浸出物含量44.8%，茶多酚含量14.5%，氨基酸含量7.4%，咖啡碱含量3.0%。
适宜区域	适宜在浙江、江苏、贵州茶区的偏酸性土壤地区种植。

瑞雪2号

Camellia sinensis（L.）O. Kuntze 'Ruixue 2'

申 请 号	20140175
申 请 日	2014年10月27日
品种权号	20150075
授 权 日	2015年9月14日
公 告 号	国家林业局公告（2015第18号）
品种权人	宁波黄金韵茶业科技有限公司；余姚市上王园艺场
培 育 人	王开荣　梁月荣　张龙杰　王荣芬　郑新强　李　明　胡涨吉　张完林
品种来源	从'四明雪芽'开放授粉后代中，经单株选育而成的新梢白化品种。
登记情况	未登记
形态特征	植株生长势强，树型灌木型，树姿直立；新梢一芽一叶始期早到中，一芽二叶期第2叶颜色为白色，芽茸毛密度稀，叶柄基部无花青苷显色；成熟叶片着生姿态向上，窄椭圆形，绿色程度中，横切面内折，上表面隆起性无或弱；花萼外部无茸毛，花冠直径极小到小，内轮花瓣颜色为白色，花柱分裂位置高，雌蕊高于雄蕊。
品质特征	适制绿茶。制烘青绿茶外形嫩黄绿润，汤色浅黄绿明亮，香气清鲜较浓，滋味清醇鲜，叶底细嫩成朵、玉白带明亮。春季一芽二叶水浸出物含量46.0%，茶多酚含量17.0%，氨基酸含量5.4%，咖啡碱含量3.2%。
适宜区域	适宜在江南茶区浙江的偏酸性土壤地区。

笙元2号

Camellia sinensis（L.）O. Kuntze 'Shengyuan 2'

申 请 号	20172199.4
申 请 日	2017年8月15日
品种权号	CNA20172199.4
授 权 日	2023年5月24日
公 告 号	CNA026898G
品种权人	嵊州市笙元茗茶实验场；中国农业科学院茶叶研究所
培 育 人	朱笙元　王　璐
品种来源	从浙江嵊州茶树群体种中，经单株选育而成。
登记情况	GPD茶树（2022）330056
形态特征	植株生长势中，树型灌木型，树姿半开张；新梢一芽一叶始期中，一芽二叶期第2叶颜色为浅绿色，芽茸毛密度中，叶柄基部无花青苷显色；成熟叶片着生姿态向上到水平，窄椭圆形，绿色程度中，横切面内折，上表面隆起性无或弱；花萼外部无茸毛，花冠直径中，内轮花瓣颜色为白色，花柱分裂位置中，雌蕊略高于雄蕊。
品质特征	适制绿茶和红茶。制烘青绿茶外形紧结显毫、黄绿，汤色浅嫩绿（黄）、明亮，香气高鲜浓郁、有花香，滋味较甘醇清鲜；制红茶外形较紧结显毫、乌褐，汤色红艳较亮，香气甜香、花蜜香，滋味尚浓醇甘爽。春季一芽二叶水浸出物含量54.6%，茶多酚含量22.4%，氨基酸含量3.3%，咖啡碱含量3.4%。
适宜区域	适宜在浙江嵊州种植。

浙江省

235

笙元3号

Camellia sinensis（L.）O. Kuntze 'Shengyuan 3'

申 请 号	20172194.9
申 请 日	2017年8月15日
品种权号	CNA20172194.9
授 权 日	2023年5月24日
公 告 号	CNA026897G
品种权人	嵊州市笙元茗茶实验场；中国农业科学院茶叶研究所
培 育 人	朱笙元　王　璐
品种来源	从浙江嵊州茶树群体种中，经单株选育而成。
登记情况	GPD茶树（2022）330057
形态特征	植株生长势中，树型灌木型，树姿半开张；新梢一芽一叶始期晚到极晚，一芽二叶期第2叶颜色为浅绿色，芽茸毛密度稀，叶柄基部无花青苷显色；成熟叶片着生姿态向上，窄椭圆形，绿色程度浅，横切面内折，上表面隆起性无或弱；花萼外部无茸毛，花冠直径小到中，内轮花瓣颜色为白色，花柱分裂位置高，雌蕊高于雄蕊。
品质特征	适制绿茶和红茶。制烘青绿茶外形紧结有毫、深绿带翠，汤色浅嫩绿明亮，香气清高、有花香，滋味清鲜甘和；制红茶外形细紧略有毫、乌褐，汤色红明亮；香气甜香、微有果香，滋味甘和。春季一芽二叶水浸出物含量52.1%，茶多酚含量18.9%，氨基酸含量4.2%，咖啡碱含量3.0%。
适宜区域	适宜在浙江嵊州种植。

浙江省

曙雪

Camellia sinensis（L.）O. Kuntze 'Shuxue'

申 请 号	20220113
申 请 日	2022年1月29日
品种权号	20230584
授 权 日	2023年9月6日
公 告 号	国家林业和草原局公告（2023年第20号）
品种权人	宁波黄金韵茶业科技有限公司；宁波市农业技术推广总站；浙江大学
培 育 人	王开荣　王荣芬　张完林　王静芬　梁月荣　郑新强　张龙杰
品种来源	从'千年雪'开放授粉后代中，经单株选育而成的新梢白化品种。
登记情况	未登记
形态特征	植株生长势强，树型灌木型，树姿直立；新梢一芽一叶始期早到中，一芽二叶期第2叶颜色为白色（带粉色），芽茸毛密度稀，叶柄基部有花青苷显色；成熟叶片着生姿态向上，中等椭圆形，绿色程度中，横切面内折，上表面隆起性无或弱；花萼外部无茸毛，花冠直径极小到小，内轮花瓣颜色为白色，花柱分裂位置高，雌雄蕊等高。
品质特征	适制绿茶。制烘青绿茶外形绿中显黄，汤色浅绿黄亮，香气浓、鲜持久，滋味清醇甘鲜，叶底玉白带绿。春季一芽二叶水浸出物含量44.3%，茶多酚含量15.6%，氨基酸含量5.2%，咖啡碱含量2.7%。
适宜区域	适宜在江南茶区浙江的偏酸性土壤地区种植。

水晶白

Camellia sinensis（L.）O. Kuntze 'Shuijingbai'

申 请 号	20181385.9
申 请 日	2018年4月28日
品种权号	CNA20181385.9
授 权 日	2023年5月24日
公 告 号	CNA026910G
品种权人	丽水市农业科学研究院
培 育 人	何卫中　严　芳　包光明　俞慧玲　潘建义
品种来源	从浙江云和茶树群体种中，经单株选育而成的新梢白化品种。
登记情况	未登记
形态特征	植株生长势中，树型灌木型，树姿半开张；新梢一芽一叶始期中到晚，一芽二叶期第2叶颜色为黄绿色，芽茸毛密度中，叶柄基部无花青苷显色；成熟叶片着生姿态水平，窄椭圆形，绿色程度浅到中，横切面内折，上表面隆起性无或弱；花萼外部无茸毛，花冠直径中到大，内轮花瓣颜色为白色，花柱分裂位置中到高，雌蕊高于雄蕊。
品质特征	适制绿茶。制烘青绿茶外形色绿显金黄，香气清高，滋味醇鲜，叶底乳白明亮。春季一芽二叶水浸出物含量49.0%，茶多酚含量18.6%，氨基酸含量6.4%，咖啡碱含量4.3%。
适宜区域	适宜在江南茶区浙江的偏酸性土壤地区种植。

浙江省

四季金韵

Camellia sinensis（L.）O. Kuntze 'Siji Jinyun'

申 请 号	20190265
申 请 日	2019年3月28日
品种权号	20200126
授 权 日	2020年7月29日
公 告 号	国家林业和草原局公告（2020年第13号）
品种权人	宁波黄金韵茶业科技有限公司
培 育 人	郑新强　张龙杰　王荣芬　胡涨吉　张完林　梁月荣　王开荣
品种来源	从'黄金芽'开放授粉后代中，经单株选育而成的新梢黄化品种。
登记情况	未登记
形态特征	植株生长势中到强，树型灌木型，树姿直立；新梢一芽一叶始期中到晚，一芽二叶期第2叶颜色为黄色，芽茸毛密度稀，叶柄基部无花青苷显色；成熟叶片着生姿态向上，窄椭圆形，绿色程度浅，横切面内折，上表面隆起性无或弱；花萼外部无茸毛，花冠直径极小到小，内轮花瓣颜色为白色，花柱分裂位置中，雌蕊高于雄蕊。
品质特征	适制绿茶。制烘青绿茶外形显黄、有毫，汤色绿黄亮，香气浓郁持久，滋味清醇甘鲜，叶底嫩匀成朵、黄明亮。春季一芽二叶水浸出物含量49.0%，茶多酚含量19.6%，氨基酸含量4.0%，咖啡碱含量3.7%。
适宜区域	适宜在江南茶区浙江的偏酸性土壤地区种植。

四明紫墨

Camellia sinensis（L.）O. Kuntze 'Siming Zimo'

申 请 号	20190260
申 请 日	2019年3月28日
品种权号	20200121
授 权 日	2020年7月29日
公 告 号	国家林业和草原局公告（2020年第13号）
品种权人	宁波黄金韵茶业科技有限公司
培 育 人	张龙杰　胡涨吉　张完林　王荣芬　王开荣　梁月荣　郑新强
品种来源	以'紫娟'和'黄金芽'为亲本，经杂交选育而成的新梢紫化品种。
登记情况	未登记
形态特征	植株生长势中到强，树型灌木型，树姿直立；新梢一芽一叶始期早到中，一芽二叶期第2叶颜色为紫色，芽茸毛密度稀，叶柄基部有花青苷显色；成熟叶片着生姿态向上到水平，窄椭圆形，绿色程度深，横切面平，上表面隆起性无或弱；花萼外部无茸毛，花冠直径小，内轮花瓣颜色为白色，花柱分裂位置低到中，雌蕊高于雄蕊。
品质特征	适制绿茶。制烘青绿茶外形深乌隐绿有毫，汤色紫泛黄、明亮，香气清浓持久，滋味浓醇爽带鲜，叶底嫩匀成朵、深绿带紫明亮。春季一芽二叶水浸出物含量44.4%，茶多酚含量18.1%，氨基酸含量7.3%，咖啡碱含量2.7%，花青素含量10.17 mg/g。
适宜区域	适宜在江南茶区浙江的偏酸性土壤地区种植。

四明紫霞

Camellia sinensis（L.）O. Kuntze 'Siming Zixia'

申 请 号	20190261
申 请 日	2019年3月28日
品种权号	20200122
授 权 日	2020年7月29日
公 告 号	国家林业和草原局公告（2020年第13号）
品种权人	宁波黄金韵茶业科技有限公司；余姚市农业技术推广服务总站
培 育 人	梁月荣　王开荣　张龙杰　李　明　吴　颖　王荣芬　郑新强　胡涨吉
品种来源	以'紫娟'和'黄金芽'为亲本，经杂交选育而成的新梢紫化品种。
登记情况	未登记
形态特征	植株生长势中，树型灌木型，树姿直立；新梢一芽一叶始期中到晚，一芽二叶期第2叶颜色为紫色，芽茸毛密度稀，叶柄基部有花青苷显色；成熟叶片着生姿态向上，窄椭圆形，绿色程度深，横切面内折，上表面隆起性无或弱；花萼外部有茸毛，花冠直径极小到小，内轮花瓣颜色为白色，花柱分裂位置中，雌蕊高于雄蕊。
品质特征	适制绿茶。制烘青绿茶外形乌绿泛灰，汤色浅紫明亮，香气清浓，滋味醇爽带鲜，叶底嫩匀成朵、深绿带紫，亮。春季一芽二叶水浸出物含量45.2%，茶多酚含量19.3%，氨基酸含量3.6%，咖啡碱含量3.7%，花青素含量5.82 mg/g。
适宜区域	适宜在江南茶区浙江的偏酸性土壤地区种植。

梯田白

Camellia sinensis（L.）O. Kuntze 'Titianbai'

申 请 号	20181387.7
申 请 日	2018年4月28日
品种权号	CNA20181387.7
授 权 日	2023年5月24日
公 告 号	CNA026912G
品种权人	丽水市农业科学研究院
培 育 人	严 芳　包光明　何卫中　俞慧玲　娄艳华　邵静娜
品种来源	浙江云和茶树群体种中，经单株选育而成的新梢白化品种。
登记情况	未登记
形态特征	植株生长势中，树型灌木型，树姿直立；新梢一芽一叶始期中到晚，一芽二叶期第2叶颜色为黄绿色，芽茸毛密度稀，叶柄基部无花青苷显色；成熟叶片着生姿态向上，披针形，绿色程度浅到中，横切面内折，上表面隆起性无或弱；花萼外部无茸毛，花冠直径小，内轮花瓣颜色为白色，花柱分裂位置中到高，雌蕊高于雄蕊。
品质特征	适制绿茶。制烘青绿茶外形色绿显金黄，香气清高，滋味醇鲜，叶底乳白明亮。春季一芽二叶水浸出物含量49.4%，茶多酚含量18.2%，氨基酸含量6.9%，咖啡碱含量4.7%。
适宜区域	适宜在江南茶区浙江的偏酸性土壤地区种植。

249

浙江省

梯田白2号

Camellia sinensis（L.）O. Kuntze 'Titianbai 2'

申 请 号	20181388.6
申 请 日	2018年4月28日
品种权号	CNA20181388.6
授 权 日	2023年5月24日
公 告 号	CNA026913G
品种权人	丽水市农业科学研究院
培 育 人	严 芳 何卫中 包光明 俞慧玲 娄艳华 郑生宏
品种来源	浙江云和茶树群体种中，经单株选育而成的新梢白化品种。
登记情况	未登记
形态特征	植株生长势中，树型灌木型，树姿半开张；新梢一芽一叶始期中到晚，一芽二叶期第2叶颜色为黄绿色，芽茸毛密度稀，叶柄基部无花青苷显色；成熟叶片着生姿态向上，窄椭圆形，绿色程度中，横切面内折，上表面隆起性无或弱；花萼外部无茸毛，花冠直径极小到小，内轮花瓣颜色为白色，花柱分裂位置中到高，雌雄蕊等高。
品质特征	适制绿茶。制烘青绿茶外形色绿显金黄，香气清高，滋味醇鲜，叶底乳白明亮。一芽二叶水浸出物含量49.5%，茶多酚含量21.6%，氨基酸含量5.7%，咖啡碱含量3.2%。
适宜区域	适宜在江南茶区浙江的偏酸性土壤地区种植。

浙江省

251

望海茶1号

Camellia sinensis（L.）O. Kuntze 'Wanghaicha 1'

申 请 号	20161835.7
申 请 日	2016年10月17日
品种权号	CNA20161835.7
授 权 日	2020年9月30日
公 告 号	CNA015951G
品种权人	宁海县农业产业化办公室；中国农业科学院茶叶研究所；徐会建
培 育 人	姜燕华　王丽鸳　成浩　胡桐　徐会建　张成才
品种来源	从浙江宁海茶树群体种中，经单株选育而成。
登记情况	GPD茶树（2022）330026
形态特征	植株生长势中到强，树型灌木型，树姿开张；新梢一芽一叶始期极早到早，一芽二叶期第2叶颜色为浅绿色，芽茸毛密度稀，叶柄基部无花青苷显色；成熟叶片着生姿态向上，窄椭圆形，绿色程度浅，横切面内折，上表面隆起性无或弱；花萼外部无茸毛，花冠直径小到中，内轮花瓣颜色为白色，花柱分裂位置低，雌雄蕊等高。
品质特征	适制绿茶。制绿茶外形嫩绿鲜润，汤色清澈明亮，香气清高、嫩香显，滋味清鲜甘和，叶底嫩绿明亮。春季一芽二叶水浸出物含量48.8%，茶多酚含量18.2%，氨基酸含量5.2%，咖啡碱含量3.5%。
适宜区域	适宜在江南茶区浙江的偏酸性土壤地区种植。

乌御金茗

Camellia sinensis（L.）O. Kuntze 'Wuyu Jinming'

申 请 号	20190266
申 请 日	2019年3月28日
品种权号	20200127
授 权 日	2020年7月29日
公 告 号	国家林业和草原局公告（2020年第13号）
品种权人	宁波黄金韵茶业科技有限公司
培 育 人	张龙杰　王开荣　胡涨吉　王荣芬　梁月荣　郑新强　张完林
品种来源	以'嘉茗1号'和'御金香'为亲本，经杂交选育而成的新梢黄化品种。
登记情况	未登记
形态特征	植株生长势强，树型灌木型，树姿直立；新梢一芽一叶始期早，一芽二叶期第2叶颜色为黄色，芽茸毛密度稀，叶柄基部无花青苷显色；成熟叶片着生姿态向上到水平，窄椭圆形，绿色程度中，横切面内折，上表面隆起性无或弱；花萼外部无茸毛，花冠直径中，内轮花瓣颜色为白色，花柱分裂位置高，雌蕊高于雄蕊。
品质特征	适制绿茶。制烘青绿茶外形绿显黄，汤色嫩绿亮，香气清香持久，滋味清醇尚鲜，叶底嫩匀成朵、绿黄明亮。春季一芽二叶水浸出物含量46.9%，茶多酚含量16.2%，氨基酸含量4.6%，咖啡碱含量4.0%。
适宜区域	适宜在江南茶区浙江的偏酸性土壤地区种植。

浙江省

255

五彩中华

Camellia sinensis（L.）O. Kuntze 'Wucai Zhonghua'

申 请 号	20190263
申 请 日	2019年3月28日
品种权号	20200124
授 权 日	2020年7月29日
公 告 号	国家林业和草原局公告（2020年第13号）
品种权人	宁波黄金韵茶业科技有限公司
培 育 人	王开荣　张龙杰　王荣芬　梁月荣　胡涨吉　郑新强　张完林
品种来源	以'黄金芽'和'紫娟'为亲本，经杂交选育而成的新梢白化紫化品种。
登记情况	未登记
形态特征	植株生长势中等，树型灌木型，树姿直立；新梢一芽一叶始期早，一芽二叶期第2叶颜色为朱砂红色，芽茸毛密度稀，叶柄基部有花青苷显色；成熟叶片着生姿态向上，窄椭圆形，绿色程度浅，横切面内折，上表面隆起性无或弱；花萼外部无茸毛，花冠直径小，内轮花瓣颜色为白色，花柱分裂位置高，雌蕊高于雄蕊。
品质特征	采制烘青绿茶浅灰绿，汤色浅黄绿带紫，明亮，香气清香持久，滋味醇鲜，叶底深绿夹嫩黄绿，带紫；春茶一芽二叶水浸出物含量41.0%，茶多酚含量12.3%，氨基酸含量3.0%，咖啡碱含量3.5%，花青素含量1.91 mg/g。
适宜区域	适宜在江南茶区浙江的偏酸性土壤地区种植。

浙江省

虞舜红

Camellia sinensis（L.）O. Kuntze 'Yushunhong'

申 请 号	20190262
申 请 日	2019年3月28日
品种权号	20200123
授 权 日	2020年7月29日
公 告 号	国家林业和草原局公告（2020年第13号）
品种权人	宁波黄金韵茶业科技有限公司、余姚市农业技术推广服务总站
培 育 人	李 明 张龙杰 梁月荣 吴 颖 郑新强 王荣芬 胡涨吉 王开荣
品种来源	以'黄金芽'和'紫娟'为亲本，经杂交选育而成的新梢紫化品种。
登记情况	未登记
形态特征	植株生长势中，树型灌木型，树姿半开张；新梢一芽一叶始期早到中，一芽二叶期第2叶颜色为深红色，芽茸毛密度稀，叶柄基部有花青苷显色；成熟叶片着生姿态向上，窄椭圆形，绿色程度中，横切面内折，上表面隆起性中；花萼外部有茸毛，花冠直径小，内轮花瓣颜色为白色，花柱分裂位置中，雌雄蕊等高。
品质特征	适制绿茶。制烘青绿茶外形乌绿尚润，汤色浅紫明亮，香气清高带鲜甜，滋味浓醇尚鲜，叶底嫩匀、深绿夹绿黄。春季一芽二叶水浸出物含量47.7%，茶多酚含量21.2%，氨基酸含量2.5%，咖啡碱含量3.6%，花青素含量4.63 mg/g。
适宜区域	适宜在江南茶区浙江的偏酸性土壤地区种植。

御金香

Camellia sinensis（L.）O. Kuntze 'Yujinxiang'

申 请 号 20120139

申 请 日 2012年8月27日

品种权号 20130038

授 权 日 2013年6月28日

公 告 号 国家林业局公告（2013年第13号）

品种权人 宁波黄金韵茶业科技有限公司；余姚市瀑布仙茗绿化有限公司；宁波市白化茶叶专业合作社

培 育 人 王开荣　韩　震　梁月荣　张龙杰　李　明　邓　隆　王盛彬

品种来源 从浙江余姚茶树群体中，经单株选育而成的新梢黄化品种。

登记情况 GPD茶树（2022）330019

形态特征 植株生长势强，树型灌木型，树姿直立；新梢一芽一叶始期中到晚，一芽二叶期第2叶颜色为黄色，芽茸毛密度中，叶柄基部无花青苷显色；成熟叶片着生姿态向上到水平，中等椭圆形，绿色程度中，横切面内折，上表面隆起性无或弱；花萼外部无茸毛，花冠直径小到中，内轮花瓣颜色为白色，花柱分裂位置中，雌蕊高于雄蕊。

品质特征 适制绿茶。制烘青绿茶外形绿显黄、显毫，汤色绿黄亮，香气浓郁持久、鲜、有花香，滋味清醇较鲜浓，叶底嫩匀成朵、嫩黄明亮。春季一芽二叶水浸出物含量44.2%，茶多酚含量15.3%，氨基酸含量5.1%，咖啡碱含量4.0%。

适宜区域 适宜在浙江、湖北、湖南、江苏、江西、贵州、四川种植。

云白1号

Camellia sinensis（L.）O. Kuntze 'Yunbai 1'

申 请 号	20161834.8
申 请 日	2016年10月17日
品种权号	CNA20161834.8
授 权 日	2020年9月30日
公 告 号	CNA015950G
品种权人	中国农业科学院茶叶研究所；丽水市农业科学研究院；张祖云
培 育 人	王丽鸳　成　浩　何卫中　张祖云　韦　康　阮　丽
品种来源	从丽水云和茶树群体种中经单株选育而成的新梢白化品种。
登记情况	未登记
形态特征	植株生长势弱，树型灌木型，树姿半开张；新梢一芽一叶始期中，一芽二叶期第2叶颜色为白色，芽茸毛密度稀，叶柄基部无花青苷显色；成熟叶片着生姿态向上到水平，窄椭圆形，绿色程度中，横切面平，上表面隆起性无或弱；花萼外部无茸毛，花冠直径小，内轮花瓣颜色为白色，花柱分裂位置中，雌蕊高于雄蕊。
品质特征	适制绿茶。制烘青绿茶外形细紧卷曲、鹅黄隐绿，汤色嫩绿明亮，香气清鲜、有花香，滋味鲜醇，叶底细嫩显芽、玉白隐绿。春季一芽二叶水浸出物含量49.6%，茶多酚含量15.0%，氨基酸含量7.9%，咖啡碱含量2.5%。
适宜区域	适宜在江南茶区浙江的偏酸性土壤地区种植。

浙农301

Camellia sinensis（L.）O. Kuntze 'Zhenong 301'

申 请 号	20171601.8
申 请 日	2017年7月10日
品种权号	CNA20171601.8
授 权 日	2023年12月29日
公 告 号	CNA031406G
品种权人	浙江大学
培 育 人	梁月荣　郑新强　陆建良　叶俭慧　赵　东
品种来源	从'嘉茗1号'开放授粉后代中，经单株选育而成。
登记情况	GPD茶树（2020）330034
形态特征	植株生长势中到强，树型灌木型到小乔木型，树姿半开张；新梢一芽一叶始期早，一芽二叶期第2叶颜色为浅绿色，芽茸毛密度稀到中，叶柄基部无花青苷显色；成熟叶片着生姿态向上，窄椭圆形，绿色程度浅，横切面内折，上表面隆起性无或弱；花萼外部无茸毛，花冠直径小，内轮花瓣颜色为白色，花柱分裂位置中，雌蕊略低于雄蕊。
品质特征	适制绿茶。制烘青绿茶外形条索紧结略弯、色泽翠绿润，汤色黄绿明亮，香气清香浓、带栗香、持久，滋味鲜浓较醇，叶底嫩匀尚有芽，黄绿亮。春季一芽二叶水浸出物含量49.3%，茶多酚含量19.8%，氨基酸含量4.3%，咖啡碱含量3.5%。
适宜区域	适宜在浙江种植。

浙江省

265

浙农302

Camellia sinensis（L.）O. Kuntze'Zhenong 302'

申 请 号	20171602.7
申 请 日	2017年7月10日
品种权号	CNA20171602.7
授 权 日	2023年12月29日
公 告 号	CNA031407G
品种权人	浙江大学
培 育 人	陆建良　郑新强　梁月荣　叶俭慧　赵　东
品种来源	从'嘉茗1号'开放授粉后代中，经单株选育而成。
登记情况	GPD茶树（2020）330035
形态特征	植株生长势中到强，树型灌木型，树姿半开张；新梢一芽一叶始期中，一芽二叶期第2叶颜色为浅绿色，芽茸毛密度稀到中，叶柄基部无花青苷显色；成熟叶片着生姿态向上，窄椭圆形，绿色程度浅到中，横切面内折，上表面隆起性无或弱；花萼外部无茸毛，花冠直径极小到小，内轮花瓣颜色为白色，花柱分裂位置中，雌蕊高于雄蕊。
品质特征	适制绿茶。制烘青绿茶外形条索紧结有锋苗、色泽绿润、有白毫，汤色嫩绿明亮，香气嫩香浓、持久，滋味浓醇尚鲜，叶底嫩匀多芽、黄绿亮。春季一芽二叶水浸出物含量49.2%，茶多酚含量21.3%，氨基酸含量3.8%，咖啡碱含量3.0%。
适宜区域	适宜在浙江种植。

浙江省

浙农701

Camellia sinensis(L.) O. Kuntze 'Zhenong 701'

申 请 号	20171603.6
申 请 日	2017年7月10日
品种权号	CNA20171603.6
授 权 日	2023年3月7日
公 告 号	CNA024382G
品种权人	浙江大学
培 育 人	郑新强　梁月荣　陆建良　叶俭慧　赵　东
品种来源	以'福鼎大白茶'和'浙农109'为亲本，经杂交选育而成。
登记情况	GPD茶树（2020）330036
形态特征	植株生长势强，树型灌木型到小乔木型，树姿半开张；新梢一芽一叶始期早到中，一芽二叶期第2叶颜色为浅绿色，芽茸毛密度中到密，叶柄基部无花青苷显色；成熟叶片着生姿态向上到水平，中等椭圆形，绿色程度浅到中，横切面平，上表面隆起性中；花萼外部无茸毛，花冠直径小，内轮花瓣颜色为白色，花柱分裂位置中，雌蕊高于雄蕊。
品质特征	适制绿茶。制烘青绿茶外形紧结微卷曲有毫、较绿翠稍深，汤色浅绿、清澈明亮，香气高鲜，滋味鲜醇甘鲜，叶底嫩绿明亮。春季一芽二叶水浸出物含量46.5%，茶多酚含量15.8%，氨基酸含量6.8%，咖啡碱含量4.5%。
适宜区域	适宜在浙江、湖南、四川、重庆、贵州种植。

浙江省

269

浙农702

Camellia sinensis（L.）O. Kuntze 'Zhenong 702'

申 请 号	20171604.5
申 请 日	2017年7月10日
品种权号	CNA20171604.5
授 权 日	2023年9月5日
公 告 号	CNA028523G
品种权人	浙江大学
培 育 人	叶俭慧　梁月荣　陆建良　郑新强　赵　东
品种来源	以'福鼎大白茶'和'浙农109'为亲本，经杂交选育而成。
登记情况	GPD茶树（2020）330037
形态特征	植株生长势强，树型灌木型到小乔木型，树姿半开张；新梢一芽一叶始期中，一芽二叶期第2叶颜色为浅绿色，芽茸毛密度中到密，叶柄基部无花青苷显色；成熟叶片着生姿态向上到水平，窄椭圆形，绿色程度中，横切面内折，上表面隆起性无或弱；花萼外部无茸毛，花冠直径小到中，内轮花瓣颜色为白色，花柱分裂位置中，雌蕊高于雄蕊。
品质特征	适制绿茶。制烘青绿茶外形尚紧结略卷曲有毫、绿翠，汤色明亮，清香，滋味醇尚鲜，叶底嫩匀有芽、明亮。春季一芽二叶水浸出物含量47.7%，茶多酚含量15.9%，氨基酸含量7.1%，咖啡碱含量4.3%。
适宜区域	适宜在浙江、湖南、四川、贵州种植。

浙江省

浙农901

Camellia sinensis（L.）O. Kuntze 'Zhenong 901'

申 请 号	20171605.4
申 请 日	2017年7月10日
品种权号	CNA20171605.4
授 权 日	2023年3月7日
公 告 号	CNA024383G
品种权人	浙江大学
培 育 人	陆建良　叶俭慧　梁月荣　郑新强　赵　东
品种来源	从浙江'鸠坑种'中，经单株选育而成。
登记情况	GPD茶树（2020）330038
形态特征	植株生长势强，树型灌木型到小乔木型，树姿半开张；新梢一芽一叶始期早，一芽二叶期第2叶颜色为浅绿色，芽茸毛密度稀，叶柄基部无花青苷显色；成熟叶片着生姿态向上，中等椭圆形，绿色程度中，横切面内折，上表面隆起性无或弱；花萼外部无茸毛，花冠直径极小到小，内轮花瓣颜色为白色，花柱分裂位置中，雌蕊略高于雄蕊。
品质特征	适制绿茶。制烘青绿茶外形紧结卷曲有锋苗、深绿带翠，汤色嫩绿明亮，香气较清高，滋味鲜醇微涩，叶底嫩有芽、匀齐、嫩绿明亮。春季一芽二叶水浸出物含量48.8%，茶多酚含量14.4%，氨基酸含量8.5%，咖啡碱含量3.4%。
适宜区域	适宜在浙江、湖南、四川、重庆、贵州种植。

浙江省

浙农902

Camellia sinensis（L.）O. Kuntze 'Zhenong 902'

申 请 号	20171606.3
申 请 日	2017年7月10日
品种权号	CNA20171606.3
授 权 日	2023年3月7日
公 告 号	CNA024384G
品种权人	浙江大学
培 育 人	梁月荣　叶俭慧　陆建良　郑新强　赵　东
品种来源	从浙江'鸠坑种'中，经单株选育而成。
登记情况	GPD茶树（2020）330039
形态特征	植株生长势中到强，树型灌木型到小乔木型，树姿半开张；新梢一芽一叶始期早，一芽二叶期第2叶颜色为浅绿色，芽茸毛密度稀，叶柄基部无花青苷显色；成熟叶片着生姿态向上，中等椭圆形，绿色程度中，横切面内折，上表面隆起性无或弱；花萼外部无茸毛，花冠直径极小到小，内轮花瓣颜色为白色，花柱分裂位置中，雌蕊略高于雄蕊。
品质特征	适制绿茶。制烘青绿茶外形细紧卷曲有毫、绿翠，汤色浅嫩黄明亮，香气清高，滋味尚浓醇、较甘，叶底较细嫩多芽、绿明亮。春季一芽二叶水浸出物含量44.9%，茶多酚含量15.4%，氨基酸含量8.0%，咖啡碱含量3.5%。
适宜区域	适宜在浙江、湖南、四川、重庆、贵州种植。

浙江省

中白11号

Camellia sinensis（L.）O. Kuntze 'Zhongbai 11'

申 请 号	20211007757
申 请 日	2021年11月26日
品种权号	CNA20211007757
授 权 日	2023年12月29日
公 告 号	CNA031417G
品种权人	淳安木连农业开发有限公司；中国农业科学院茶叶研究所
培 育 人	魏旭红　陈　亮　许永红　马建强　王华建　叶代文
品种来源	从浙江淳安茶树群体种中，经单株选育而成的新梢白化品种。
登记情况	未登记
形态特征	植株生长势中，树型灌木型，树姿半开张；新梢一芽一叶始期中，一芽二叶期第2叶颜色为黄绿色，芽茸毛密度稀，叶柄基部无花青苷显色；成熟叶片着生姿态向上，中等椭圆形，绿色程度深，横切面内折，上表面隆起性中；花萼外部无茸毛，花冠直径中，内轮花瓣颜色为白色，花柱分裂位置低到中，雌雄蕊等高。
适宜区域	适宜在江南茶区种植。

浙江省

中茶125

Camellia sinensis（L.）O. Kuntze 'Zhongcha 125'

申 请 号	20100657.0
申 请 日	2010年8月18日
品种权号	CNA20100657.0
授 权 日	2015年9月1日
公 告 号	CNA005624G
品种权人	中国农业科学院茶叶研究所
培 育 人	陈 亮　姚明哲　王新超　金基强　马春雷
品种来源	以'蒲莲桐元'和'龙井43'为亲本，经杂交选育而成。
登记情况	GPD茶树（2020）330044
形态特征	植株生长势中，树型灌木型，树姿半开张；新梢一芽一叶始期早，一芽二叶期第2叶颜色为浅绿色，芽茸毛密度稀，叶柄基部无花青苷显色；成熟叶片着生姿态向上，窄椭圆形，绿色程度深，横切面内折，上表面隆起性中；花萼外部无茸毛，花冠直径小到中，内轮花瓣颜色为白色，花柱分裂位置中，雌蕊高于雄蕊。
品质特征	适制绿茶。制烘青绿茶外形紧结、略卷曲有毫、较嫩绿带翠，汤色浅嫩黄较明亮，香气清高较鲜，滋味清鲜较甘和，叶底嫩匀显芽、较嫩绿明亮。春季一芽二叶水浸出物含量52.0%，茶多酚含量18.0%，氨基酸含量4.6%，咖啡碱含量2.8%。
适宜区域	适宜在江南茶区浙江、湖南和西南茶区重庆、四川、贵州种植。

浙江省

279

中茶126

Camellia sinensis（L.）O. Kuntze 'Zhongcha 126'

申 请 号	20130586.3
申 请 日	2013年7月1日
品种权号	CNA20130586.3
授 权 日	2016年5月1日
公 告 号	CNA007541G
品种权人	中国农业科学院茶叶研究所
培 育 人	陈 亮　姚明哲　马春雷　马建强　金基强
品种来源	以'毛蟹'和'龙井43'为亲本，经杂交选育而成。
登记情况	未登记
形态特征	植株生长势中，树型灌木型，树姿半开张；新梢一芽一叶始期早，一芽二叶期第2叶颜色为浅绿色，芽茸毛密度稀到中，叶柄基部无花青苷显色；成熟叶片着生姿态向上，中等椭圆形，绿色程度中，横切面平，上表面隆起性中；花萼外部无茸毛，花冠直径中，内轮花瓣颜色为白色，花柱分裂位置低，雌蕊高于雄蕊。
品质特征	适制绿茶。制烘青绿茶，外形肥嫩、翠绿、显毫，汤色嫩黄、明亮，香气栀子花香显露，滋味清爽、带花香。春茶一芽二叶咖啡碱含量3.3%、氨基酸含量3.6%、儿茶素总量15.2%。
适宜区域	适宜在江南茶区浙江杭州种植。

浙江省

中茶127

Camellia sinensis（L.）O. Kuntze 'Zhongcha 127'

申 请 号	20130587.2
申 请 日	2013年7月1日
品种权号	CNA20130587.2
授 权 日	2016年5月1日
公 告 号	CNA007542G
品种权人	中国农业科学院茶叶研究所
培 育 人	马春雷　陈　亮　姚明哲　金基强　马建强
登记情况	GPD茶树（2022）330009
品种来源	从浙江'鸠坑种'中，经单株选育而成。
形态特征	植株生长势中，树型灌木型，树姿半开张；新梢一芽一叶始期早，一芽二叶期第2叶颜色为浅绿色，芽茸毛密度稀到中，叶柄基部无花青苷显色；成熟叶片着生姿态向上，窄椭圆形，绿色程度中，横切面内折，上表面隆起性无或弱；花萼外部无茸毛，花冠直径极小到小，内轮花瓣颜色为白色，花柱分裂位置中，雌雄蕊等高。
品质特征	适制绿茶。制绿茶外形细紧显毫、较嫩绿，汤色嫩绿明亮，香气较高鲜，滋味甘醇较鲜爽，叶底细嫩显芽、绿明亮。春季一芽二叶水浸出物含量46.8%，茶多酚含量18.6%，氨基酸含量4.5%，咖啡碱含量3.2%。
适宜区域	适宜在江南茶区浙江杭州种植。

浙江省

中茶128

Camellia sinensis（L.）O. Kuntze 'Zhongcha 128'

申 请 号	20130588.1
申 请 日	2013年7月1日
品种权号	CNA20130588.1
授 权 日	2016年5月1日
公 告 号	CNA007543G
品种权人	中国农业科学院茶叶研究所
培 育 人	姚明哲　陈 亮　马春雷　马建强　金基强
品种来源	以'黄叶早'和'龙井43'为亲本，经杂交选育而成。
登记情况	GPD茶树（2023）330062
形态特征	植株生长势强，树型灌木型，树姿半开张到开张；新梢一芽一叶始期早，一芽二叶期第2叶颜色为浅绿色，芽茸毛密度稀，叶柄基部无花青苷显色；成熟叶片着生姿态向上，中等椭圆形，绿色程度深，横切面平，上表面隆起性中；花萼外部无茸毛，花冠直径小到中，内轮花瓣颜色为白色，花柱分裂位置中，雌蕊高于雄蕊。
品质特征	适制绿茶。制绿茶外形紧结略卷曲有毫、较绿稍偏黄，汤色嫩绿明亮，香气清高鲜爽、有花香，滋味甘醇鲜爽、滑，叶底细嫩显芽、较嫩绿明。春季一芽二叶水浸出物含量49.2%，茶多酚含量20.3%，氨基酸含量4.4%，咖啡碱含量2.9%。
适宜区域	适宜在江南茶区浙江杭州种植。

浙江省

中茶129

Camellia sinensis（L.）O. Kuntze 'Zhongcha 129'

申 请 号	20162255.6
申 请 日	2016年12月10日
品种权号	CNA20162255.6
授 权 日	2019年1月31日
公 告 号	CNA012568G
品种权人	中国农业科学院茶叶研究所
培 育 人	马春雷　陈　亮　姚明哲　马建强　金基强　徐艳霞　郝万军　钱婷婷
品种来源	以'龙井43'和'白鸡冠'为亲本，经杂交选育而成的新梢黄化品种。
登记情况	未登记
形态特征	植株生长势强，树型灌木型，树姿半开张；新梢一芽一叶始期中，一芽二叶期第2叶颜色为黄绿色，叶柄基部无花青苷显色；成熟叶片着生姿态向上，窄椭圆形，绿色程度中，横切面内折，上表面隆起性强；花萼外部无茸毛，内轮花瓣颜色为白色，花柱分裂位置高，雌蕊高于雄蕊。
品质特征	制烘青绿茶香气清高，滋味鲜爽。春茶一芽二叶氨基酸含量5.8%，咖啡碱含量2.9%。
适宜区域	适宜在江南茶区种植。

浙江省

287

中茶130

Camellia sinensis（L.）O. Kuntze 'Zhongcha 130'

申 请 号	20162256.5
申 请 日	2016年12月10日
品种权号	CNA20162256.5
授 权 日	2019年1月31日
公 告 号	CNA012569G
品种权人	中国农业科学院茶叶研究所
培 育 人	徐艳霞　马春雷　陈　亮　姚明哲　金基强　马建强　郝万军　钱婷婷
品种来源	以'龙井43'和'白鸡冠'为亲本，经杂交选育而成的新梢黄化品种。
登记情况	未登记
形态特征	植株生长势中到强，树型灌木型，树姿半开张；新梢一芽一叶始期中，一芽二叶期第2叶颜色为黄绿色，芽茸毛密度稀，叶柄基部无花青苷显色；成熟叶片着生姿态向上，中等椭圆形，横切面内折，上表面隆起性无或弱；花萼外部无茸毛，内轮花瓣颜色为白色，花柱分裂位置高，雌蕊高于雄蕊。
品质特征	适制绿茶。制烘青绿茶外形紧结微有毫、较绿间嫩黄，汤色清澈明亮，香气清高鲜爽、有花香，滋味清鲜甘和，叶底细嫩显芽、玉黄隐绿。春季一芽二叶氨基酸含量6.2%，咖啡碱含量2.4%。
适宜区域	适宜在浙江种植。

浙江省

中茶131

Camellia sinensis(L.) O. Kuntze 'Zhongcha 131'

申 请 号	20140551.3
申 请 日	2014年5月10日
品种权号	CNA20140551.3
授 权 日	2017年3月1日
公 告 号	CNA008511G
品种权人	中国农业科学院茶叶研究所
培 育 人	陈 亮　姚明哲　马春雷　金基强　马建强
品种来源	以'舒茶早'和'龙井43'为亲本，经杂交选育而成。
登记情况	未登记
形态特征	植株生长势中，树型灌木型，树姿直立；新梢一芽一叶始期早，一芽二叶期第2叶颜色为浅绿色，芽茸毛密度中到密，叶柄基部无花青苷显色；成熟叶片着生姿态向上，窄椭圆形，绿色程度深，横切面平，上表面隆起性无或弱；花萼外部无茸毛，花冠直径小，内轮花瓣颜色为白色，花柱分裂位置中，雌雄蕊等高。
品质特征	适制绿茶。制烘青绿茶外形紧结显毫、绿翠，汤色浅黄明亮，香气尚清高，滋味醇爽尚甘。春季一芽二叶茶多酚含量18.0%，氨基酸含量4.3%，咖啡碱含量3.5%。
适宜区域	适宜在浙江种植。

浙江省

中茶132

Camellia sinensis（L.）O. Kuntze 'Zhongcha 132'

申 请 号 20140552.2

申 请 日 2014年5月10日

品种权号 CNA20140552.2

授 权 日 2017年3月1日

公 告 号 CNA008512G

品种权人 中国农业科学院茶叶研究所

培 育 人 陈 亮　姚明哲　马春雷　金基强　马建强

品种来源 从'早春早芽'开放授粉后代中，经单株选育而成。

登记情况 未登记

形态特征 植株生长势强，树型灌木型，树姿半开张；新梢一芽一叶始期极早到早，一芽二叶期第2叶颜色为浅绿色，芽茸毛密度稀到中，叶柄基部无花青苷显色；成熟叶片着生姿态向上，中等椭圆形，绿色程度中，横切面平，上表面隆起性中；花萼外部无茸毛，花冠直径中，内轮花瓣颜色为白色，花柱分裂位置中，雌雄蕊等高。

品质特征 适制绿茶。制烘青绿茶外形绿润显毫，汤色绿亮，香气有清香，滋味清爽。春季一芽二叶茶多酚含量18.3%，氨基酸含量4.4%，咖啡碱含量2.6%、儿茶素含量12.9%。

适宜区域 适宜在浙江种植。

浙江省

中茶133

Camellia sinensis（L.）O. Kuntze 'Zhongcha 133'

申 请 号	20140553.1
申 请 日	2014年5月10日
品种权号	CNA20140553.1
授 权 日	2017年3月1日
公 告 号	CNA008513G
品种权人	中国农业科学院茶叶研究所
培 育 人	姚明哲　陈　亮　马春雷　马建强　金基强
品种来源	由'旦子3号'自然芽变枝条，经单株选育而成的新梢黄化品种。
登记情况	未登记
形态特征	植株生长势弱到中，树型灌木型，树姿半开张；新梢一芽一叶始期晚，一芽二叶期第2叶颜色为黄绿色，芽茸毛密度稀到中，叶柄基部无花青苷显色；成熟叶片着生姿态向上，窄椭圆形，绿色程度中，横切面内折，上表面隆起性无或弱；花萼外部无茸毛，花冠直径中到大，内轮花瓣颜色为白色，花柱分裂位置中，雌雄蕊等高。
适宜区域	适宜在浙江种植。

浙江省

中茶134

Camellia sinensis（L.）O. Kuntze 'Zhongcha 134'

申 请 号	20140554.0
申 请 日	2014年5月10日
品种权号	CNA20140554.0
授 权 日	2017年3月1日
公 告 号	CNA008514G
品种权人	中国农业科学院茶叶研究所
培 育 人	马春雷　陈　亮　姚明哲　马建强　金基强
品种来源	从'龙井种'中，经单株选育而来。
登记情况	未登记
形态特征	植株生长势中，树型灌木型，树姿直立；新梢一芽一叶始期中，一芽二叶期第2叶颜色为浅绿色，芽茸毛密度中，叶柄基部有花青苷显色；成熟叶片着生姿态向上，窄椭圆形，绿色程度深，横切面内折，上表面隆起性无或弱；花萼外部无茸毛，花冠直径中，内轮花瓣颜色为粉红色，花柱分裂位置中，雌蕊高于雄蕊。
品质特征	适制绿茶。春季一芽二叶氨基酸含量3.4%，咖啡碱含量3.3%、儿茶素含量11.8%。
适宜区域	适宜在浙江种植。

浙江省

中茶135

Camellia sinensis（L.）O. Kuntze 'Zhongcha 135'

申 请 号	20140555.9
申 请 日	2014年5月10日
品种权号	CNA20140555.9
授 权 日	2017年3月1日
公 告 号	CNA008515G
品种权人	中国农业科学院茶叶研究所
培 育 人	姚明哲　陈　亮　马春雷　金基强　马建强
品种来源	从'龙井种'中，经单株选育而来。
登记情况	未登记
形态特征	植株生长势中，树型灌木型，树姿半开张；新梢一芽一叶始期早，一芽二叶期第2叶颜色为浅绿色，芽茸毛密度稀，叶柄基部无花青苷显色；成熟叶片着生姿态向上，窄椭圆形，绿色程度深，横切面平，上表面隆起性无或弱；花萼外部无茸毛，花冠直径小，内轮花瓣颜色为白色，花柱分裂位置中，雌雄蕊等高。
适宜区域	适宜在浙江种植。

中茶136

Camellia sinensis（L.）O. Kuntze 'Zhongcha 136'

申 请 号	20141126.7
申 请 日	2014年10月16日
品种权号	CNA20141126.7
授 权 日	2017年3月1日
公 告 号	CNA008516G
品种权人	中国农业科学院茶叶研究所
培 育 人	金基强　陈 亮　姚明哲　马春雷　马建强
品种来源	从广西古兰茶群体中，经单株选育而成。
登记情况	未登记
形态特征	植株生长势强，树型灌木型，树姿半开张到开张；新梢一芽一叶始期早到中，一芽二叶期第2叶颜色为浅绿色，芽茸毛密度稀，叶柄基部无花青苷显色；成熟叶片着生姿态水平，阔椭圆形，绿色程度中到深，横切面平，上表面隆起性无或弱；花萼外部无茸毛，花冠直径中到大，内轮花瓣颜色为白色，花柱分裂位置中，雌雄蕊等高。
品质特征	适制绿茶。制绿茶外形细紧略卷曲、绿翠，汤色浅嫩绿明亮，香气高鲜、微有花果香，滋味较甘醇鲜爽，叶底嫩匀、绿明亮。
适宜区域	适宜在江南茶区浙江杭州种植。

中茶137

Camellia sinensis（L.）O. Kuntze 'Zhongcha 137'

申 请 号	20141127.6
申 请 日	2014年10月16日
品种权号	CNA20141127.6
授 权 日	2017年3月1日
公 告 号	CNA008517G
品种权人	中国农业科学院茶叶研究所
培 育 人	陈 亮　金基强　马春雷　姚明哲　马建强
品种来源	从广西古兰茶群体中，经单株选育而来。
登记情况	未登记
形态特征	植株生长势强，树型灌木型，树姿半开张；新梢一芽一叶始期早到中，一芽二叶期第2叶颜色为浅绿色，芽无茸毛，叶柄基部无花青苷显色；成熟叶片着生姿态水平，阔椭圆形，绿色程度中到深，横切面平，上表面隆起性无或弱；花萼外部无茸毛，花冠直径小，内轮花瓣颜色为白色，花柱分裂位置低，雌蕊高于雄蕊。
品质特征	适制绿茶。制绿茶外形较紧结略卷曲、黄绿，汤色浅淡，香气清高、有花果香，滋味清鲜甘和，叶底嫩匀、嫩黄绿。
适宜区域	适宜在浙江种植。

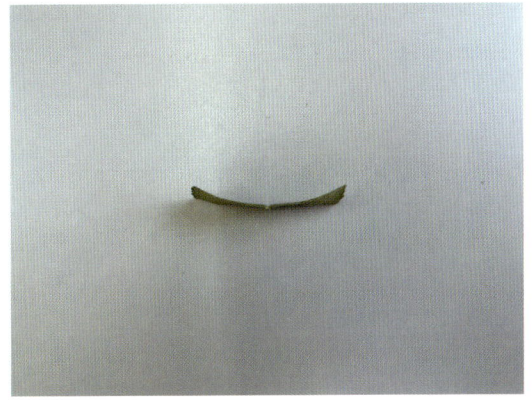

中茶138

Camellia sinensis(L.) O. Kuntze 'Zhongcha 138'

申 请 号	20141128.5
申 请 日	2014年10月16日
品种权号	CNA20141128.5
授 权 日	2017年3月1日
公 告 号	CNA008518G
品种权人	中国农业科学院茶叶研究所
培 育 人	金基强　陈　亮　马建强　马春雷　姚明哲
品种来源	从广西钟山雷电茶群体中，经单株选育而成。
登记情况	未登记
形态特征	植株生长势强，树型灌木型，树姿半开张；新梢一芽一叶始期中，一芽二叶期第2叶颜色为浅绿色，茸毛密度稀，叶柄基部无花青苷显色；成熟叶片着生姿态向上，中等椭圆形，绿色程度中到深，横切面平，上表面隆起性无或弱；花萼外部有茸毛，花冠直径极小到小，内轮花瓣颜色为浅绿色，花柱分裂位置中，雌蕊高于雄蕊。
品质特征	适制绿茶。制绿茶外形紧结略卷曲显毫、褐绿，汤色浅嫩黄、清澈明亮，香气清高鲜爽、有花香，滋味较甘醇鲜爽、微涩，叶底嫩匀有芽、黄绿。
适宜区域	适宜在浙江种植。

浙江省

中茶139

Camellia sinensis（L.）O. Kuntze 'Zhongcha 139'

申 请 号	20141129.4
申 请 日	2014年10月16日
品种权号	CNA20141129.4
授 权 日	2017年3月1日
公 告 号	CNA008519G
品种权人	中国农业科学院茶叶研究所
培 育 人	陈 亮 金基强
品种来源	从云南'罗平1号'群体中，经单株选育而成。
登记情况	未登记
形态特征	植株生长势中，树型灌木型，树姿半开张；春季新梢一芽一叶始期早到中，一芽二叶期第2叶颜色为浅绿色，芽茸毛密度中，叶柄基部无花青苷显色；成熟叶片着生姿态水平，中等椭圆形，绿色程度中，横切面平，上表面隆起性无或弱；花萼外部无茸毛，花冠直径小，内轮花瓣颜色为浅绿色，花柱分裂位置低，雌雄蕊等高。
品质特征	适制绿茶。制绿茶外形深绿润、显毫，汤色绿较亮，香气糯香，滋味嫩爽（品种糯），叶底绿较亮。
适宜区域	适宜在浙江种植。

中茶140

Camellia sinensis（L.）O. Kuntze 'Zhongcha 140'

申 请 号	20151372.7
申 请 日	2015年10月9日
品种权号	CNA20151372.7
授 权 日	2019年12月19日
公 告 号	CNA014265G
品种权人	中国农业科学院茶叶研究所
培 育 人	金基强　陈　亮　姚明哲　马建强　马春雷
品种来源	从'安徽9号'开放授粉后代中，经单株选育而成。
登记情况	未登记
形态特征	植株生长势弱，树型灌木型，树姿半开张；新梢一芽一叶始期早，一芽二叶期第2叶颜色为浅绿色，芽茸毛密度中，叶柄基部无花青苷显色；成熟叶片着生姿态向下，窄椭圆形，绿色程度浅，横切面平，上表面隆起性中；花萼外部无茸毛，花冠直径小到中，内轮花瓣颜色为浅绿色，花柱分裂位置中，雌蕊高于雄蕊。
品质特征	适制绿茶。制绿茶外形细紧微有毫，汤色浅嫩黄、清澈明亮，香气较高爽、较鲜、有花香，滋味甘醇、鲜爽，叶底细嫩显芽、嫩黄隐绿明亮。
适宜区域	适宜在浙江种植。

浙江省

309

中茶141

Camellia sinensis(L.) O. Kuntze 'Zhongcha 141'

申 请 号	20151373.6
申 请 日	2015年10月9日
品种权号	CNA20151373.6
授 权 日	2019年12月19日
公 告 号	CNA014266G
品种权人	中国农业科学院茶叶研究所
培 育 人	陈 亮　金基强　姚明哲　马春雷　马建强
品种来源	以'福鼎大白茶'和'白鸡冠'为亲本，经杂交选育而来的新梢黄化品种。
登记情况	未登记
形态特征	植株生长势中，树型灌木型，树姿开张；新梢一芽一叶始期中，一芽二叶期第2叶颜色为黄绿色，芽茸毛密度中，叶柄基部无花青苷显色；成熟叶片着生姿态向上，窄椭圆形，绿色程度浅，横切面内折，上表面隆起性无或弱；花萼外部无茸毛，花冠直径中，内轮花瓣颜色为浅绿色，花柱分裂位置高，雌雄蕊等高。
品质特征	适制绿茶。外形细紧、略卷曲、显毫、玉黄透绿，汤色浅嫩黄绿、清澈明亮，香气清高、鲜爽、微有花香，滋味鲜醇、甘爽，叶底细嫩、显芽、玉黄隐绿。
适宜区域	适宜在浙江种植。

浙江省

311

中茶142

Camellia sinensis（L.）O. Kuntze 'Zhongcha 142'

申 请 号	20151374.5
申 请 日	2015年10月9日
品种权号	CNA20151374.5
授 权 日	2019年12月19日
公 告 号	CNA014267G
品种权人	中国农业科学院茶叶研究所
培 育 人	姚明哲　金基强　陈　亮　马春雷　马建强
品种来源	以'龙井43'和'白鸡冠'为亲本，经杂交选育而成。
登记情况	未登记
形态特征	植株生长势中，树型灌木型，树姿半开张；新梢一芽一叶始期中，一芽二叶期第2叶颜色为黄绿色，芽茸毛密度中，叶柄基部无花青苷显色；成熟叶片着生姿态向上，窄椭圆形，绿色程度中，横切面内折，上表面隆起性无或弱；花萼外部无茸毛，花冠直径小到中，内轮花瓣颜色为浅绿色，花柱分裂位置中，雌蕊高于雄蕊。
品质特征	适制绿茶。制绿茶外形较紧结略卷曲显毫、玉黄透绿鲜活，汤色嫩绿、清澈明亮，香气较高鲜、略有花香、微有栗香，滋味甘醇鲜爽，叶底细嫩显芽、玉黄透绿。
适宜区域	适宜在江南茶区浙江杭州种植。

中茶143

Camellia sinensis（L.）O. Kuntze 'Zhongcha 143'

申 请 号	20172470.4
申 请 日	2017年9月14日
品种权号	CNA20172470.4
授 权 日	2019年5月24日
公 告 号	CNA012891G
品种权人	中国农业科学院茶叶研究所
培 育 人	徐艳霞　陈　亮　姚明哲　马建强　马春雷　金基强　郝万军
品种来源	从浙江'龙井种'中，经单株选育而成。
登记情况	未登记
形态特征	植株生长势强，树型灌木型，树姿半开张；新梢一芽一叶始期中，一芽二叶期第2叶颜色为黄绿色，芽茸毛密度稀到中，叶柄基部无花青苷显色；成熟叶片着生姿态向上，阔椭圆形，绿色程度中，横切面内折，上表面隆起性无或弱；花萼外部无茸毛，花冠直径小到中，内轮花瓣颜色为白色，花柱分裂位置中，雌蕊高于雄蕊。
适宜区域	适宜在浙江种植。

浙江省

315

中茶144

Camellia sinensis（L.）O. Kuntze 'Zhongcha 144'

申 请 号	20172469.7
申 请 日	2017年9月14日
品种权号	CNA20172469.7
授 权 日	2019年5月24日
公 告 号	CNA012890G
品种权人	中国农业科学院茶叶研究所
培 育 人	徐艳霞　陈　亮　姚明哲　马春雷　金基强　马建强　郝万军
品种来源	从浙江天台茶树群体种中，经单株选育而成。
登记情况	未登记
形态特征	植株生长势弱到中，树型灌木型，树姿半开张；新梢一芽一叶始期晚，一芽二叶期第2叶颜色为黄绿色，芽茸毛密度稀，叶柄基部无花青苷显色；成熟叶片着生姿态向上，窄椭圆形，绿色程度中，横切面平，上表面隆起性无或弱；花萼外部无茸毛，花冠直径小到中，内轮花瓣颜色为白色，花柱分裂位置高，雌雄蕊等高。
适宜区域	适宜在浙江种植。

浙江省

317

中茶145

Camellia sinensis（L.）O. Kuntze 'Zhongcha 145'

申 请 号	20173292.8
申 请 日	2017年11月28日
品种权号	CNA20173292.8
授 权 日	2019年12月19日
公 告 号	CNA014268G
品种权人	中国农业科学院茶叶研究所
培 育 人	陈 亮　金基强　姚明哲　马春雷　马建强　郝万军　徐艳霞
品种来源	从'仙鹤翔'开放授粉后代中，经单株选育而成。
登记情况	未登记
形态特征	植株生长势弱，树型灌木型，树姿半开张；新梢一芽一叶始期中，一芽二叶期第2叶颜色为黄绿色，芽茸毛密度中，叶柄基部无花青苷显色；成熟叶片着生姿态向上，窄椭圆形，绿色程度中，横切面内折，上表面隆起性无或弱；花萼外部无茸毛，花冠直径中，内轮花瓣颜色为浅绿色，花柱分裂位置中，雌蕊高于雄蕊。
品质特征	适制绿茶。制扁形绿茶外形挺直、玉黄透绿，汤色浅嫩黄绿、清澈明亮，香气清高鲜爽、花香显，滋味清鲜甘和、稍淡、滑，叶底嫩匀成朵、玉黄透绿。
适宜区域	适宜在浙江种植。

中茶146

Camellia sinensis（L.）O. Kuntze 'Zhongcha 146'

申 请 号	20173293.7
申 请 日	2017年11月28日
品种权号	CNA20173293.7
授 权 日	2019年12月19日
公 告 号	CNA014269G
品种权人	中国农业科学院茶叶研究所
培 育 人	金基强　陈　亮　姚明哲　马建强　马春雷　徐艳霞　郝万军
品种来源	从广西三江芽己茶群体中，经单株选育而成。
登记情况	未登记
形态特征	植株生长势中到强，树型灌木型，树姿直立；新梢一芽一叶始期早到中，一芽二叶期第2叶颜色为浅绿色，芽茸毛密度密，叶柄基部无花青苷显色；成熟叶片着生姿态向上，窄椭圆形，绿色程度中，横切面内折，上表面隆起性中；花萼外部无茸毛，花冠直径小到中，内轮花瓣颜色为浅绿色，花柱分裂位置中，雌蕊高于雄蕊。
品质特征	适制绿茶。制绿茶外形紧结略卷曲显毫、绿润，汤色浅嫩绿明亮，香气高鲜、有花香，滋味清鲜甘醇，叶底嫩匀显芽、绿明亮。
适宜区域	适宜在江南茶区浙江杭州种植。

浙江省

321

中茶148

Camellia sinensis（L.）O. Kuntze 'Zhongcha 148'

申 请 号	20191006302
申 请 日	2019年12月11日
品种权号	CNA20191006302
授 权 日	2023年12月29日
公 告 号	CNA031408G
品种权人	中国农业科学院茶叶研究所
培 育 人	马建强　陈　亮　姚明哲　马春雷　金基强　徐艳霞　郝万军
品种来源	从'汝城早芽'开放授粉后代中，经单株选育而成。
登记情况	GPD茶树（2023）330081
形态特征	植株生长势中到强，树型灌木型，树姿半开张；新梢一芽一叶始期早，一芽二叶期第2叶颜色为浅绿色，芽茸毛密度中到密，叶柄基部无花青苷显色；成熟叶片着生姿态向上，中等椭圆形，绿色程度中，横切面内折，上表面隆起性中；花萼外部无茸毛，花冠直径中，内轮花瓣颜色为白色，花柱分裂位置中，雌蕊略高于雄蕊。
品质特征	适制绿茶和红茶。制烘青绿茶汤色嫩绿明亮，香气清高有花香，滋味浓醇甘鲜，叶底嫩绿明亮；制工夫红茶汤色橙红较明亮，香气浓郁鲜甜，滋味醇厚较鲜爽，叶底红艳明亮。春季一芽二叶水浸出物含量49.3%，茶多酚含量20.5%，氨基酸含量4.3%，咖啡碱含量2.7%。
适宜区域	适宜在江南茶区浙江杭州及与其气候相似地区种植。

浙江省

中茶149

Camellia sinensis（L.）O. Kuntze 'Zhongcha 149'

申 请 号	20191006303
申 请 日	2019年12月11日
品种权号	CNA20191006303
授 权 日	2023年12月29日
公 告 号	CNA031409G
品种权人	中国农业科学院茶叶研究所
培 育 人	马建强　陈　亮　姚明哲　金基强　马春雷　郝万军　徐艳霞
品种来源	以'福鼎大白茶'和'碧云'为亲本，经杂交选育而成。
登记情况	GPD茶树（2022）330001
形态特征	植株生长势中，树型灌木型，树姿半开张；新梢一芽一叶期始早，一芽二叶期第2叶颜色为浅绿色，芽茸毛密度稀，叶柄基部有花青苷显色；成熟叶片着生姿态向上，中等椭圆形，绿色程度中，横切面内折，上表面隆起性无或弱；花萼外部无茸毛，花冠直径中到大，内轮花瓣颜色为粉红色，花柱分裂位置中，雌蕊高于雄蕊。
品质特征	适制绿茶。制绿茶外形紧结显毫、嫩绿带翠，汤色嫩绿明亮，香气清高有花香，滋味浓醇甘鲜，叶底嫩匀显芽、嫩绿明亮。春季一芽二叶水浸出物含量47.2%，茶多酚含量21.1%，氨基酸含量4.0%，咖啡碱含量2.4%。
适宜区域	适宜在江南茶区浙江杭州及与其气候相似地区种植。

浙江省

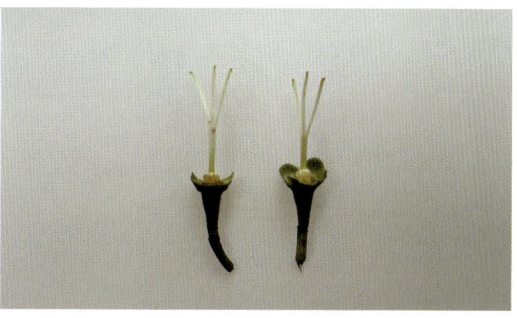

中茶150

Camellia sinensis（L.）O. Kuntze 'Zhongcha 150'

申 请 号	20191006304
申 请 日	2019年12月11日
品种权号	CNA20191006304
授 权 日	2023年12月29日
公 告 号	CNA031410G
品种权人	中国农业科学院茶叶研究所
培 育 人	姚明哲　陈　亮　马春雷　金基强
品种来源	从'武夷82'开放授粉后代中，经单株选育而成。
登记情况	GPD茶树（2023）330080
形态特征	植株生长势中，树型灌木型，树姿半开张；新梢一芽一叶始期中，一芽二叶期第2叶颜色为中等绿色，芽茸毛密度密，叶柄基部无花青苷显色；成熟叶片着生姿态向上，披针形，绿色程度中，横切面内折，上表面隆起性无或弱；花萼外部无茸毛，花冠直径大，内轮花瓣颜色为白色，花柱分裂位置中到高，雌蕊高于雄蕊。
品质特征	适制绿茶和红茶。制烘青绿茶汤色嫩绿明亮，香气清高有栗香和花香，滋味较浓醇甘鲜，叶底嫩绿明亮；制工夫红茶汤色金红明亮，香气高甜，滋味尚浓醇甘爽，叶底红亮。春季一芽二叶水浸出物含量48%，茶多酚含量21.3%，氨基酸含量3.7%，咖啡碱含量3.4%。
适宜区域	适宜在江南茶区浙江杭州及与其气候相似地区种植。

浙江省

中茶151

Camellia sinensis（L.）O. Kuntze 'Zhongcha 151'

申 请 号	20191006306
申 请 日	2019年12月11日
品种权号	CNA20191006306
授 权 日	2022年5月10日
公 告 号	CNA020713G
品种权人	中国农业科学院茶叶研究所
培 育 人	金基强　陈　亮　姚明哲　马建强　马春雷　徐艳霞　郝万军
品种来源	从'仙鹤翔'开放授粉后代中，经单株选育而成。
登记情况	未登记
形态特征	植株生长势中，树型灌木型，树姿半开张；新梢一芽一叶始期早到中，一芽二叶期第2叶颜色为黄绿色，芽茸毛密度中，叶柄基部无花青苷显色；成熟叶片着生姿态向上，窄椭圆形，绿色程度浅，横切面内折，上表面隆起性无或弱；花萼外部无茸毛，花冠直径中，内轮花瓣颜色为浅绿色，花柱分裂位置中，雌蕊略高于雄蕊。
品质特征	适制绿茶。制绿茶外形较紧结略卷曲有毫、嫩黄，汤色嫩绿、清澈明亮，香气高鲜、有花香，滋味尚浓醇、甘鲜、滑，叶底嫩匀显芽、玉黄隐绿明亮。
适宜区域	适宜在浙江种植。

浙江省

中茶158

Camellia sinensis(L.) O. Kuntze 'Zhongcha 158'

申 请 号	20201005148
申 请 日	2020年9月10日
品种权号	CNA20201005148
授 权 日	2023年12月29日
公 告 号	CNA031412G
品种权人	中国农业科学院茶叶研究所
培 育 人	马建强　陈　亮　姚明哲　马春雷　金基强
品种来源	从浙江'鸠坑种'中，经单株选育而成。
登记情况	GPD茶树（2022）330005
形态特征	植株生长势中，树型灌木型，树姿半开张；新梢一芽一叶始期早，一芽二叶期第2叶颜色为浅绿色，芽茸毛密度稀，叶柄基部无花青苷显色；成熟叶片着生姿态向上，窄椭圆形，绿色程度中，横切面内折，上表面隆起性中；花萼外部无茸毛，花冠直径大，内轮花瓣颜色为白色，花柱分裂位置中，雌蕊略高于雄蕊。
品质特征	适制绿茶。外形壮结显毫、绿间嫩黄，汤色嫩绿明亮，香气清高花香显，滋味甘醇鲜爽，叶底嫩绿明亮。春季一芽二叶水浸出物含量48.8%，茶多酚含量20.8%，氨基酸含量3.7%，咖啡碱含量3.1%。
适宜区域	适宜在江南茶区浙江杭州及与其气候相似地区种植。

浙江省

中茶159

Camellia sinensis（L.）O. Kuntze 'Zhongcha 159'

申 请 号	20201005089
申 请 日	2020年9月10日
品种权号	CNA20201005089
授 权 日	2023年12月29日
公 告 号	CNA031411G
品种权人	中国农业科学院茶叶研究所
培 育 人	姚明哲　陈　亮　马建强　马春雷　金基强
品种来源	以'舒茶早'和'龙井43'为亲本，经杂交选育而成。
登记情况	未登记
形态特征	植株生长势中到强，树型灌木型，树姿半开张；新梢一芽一叶始期早到中，一芽二叶期第2叶颜色为浅绿色，芽茸毛密度稀到中，叶柄基部有花青苷显色；成熟叶片着生姿态向上，中等椭圆形，绿色程度中到深，横切面内折，上表面隆起性中；花萼外部无茸毛，花冠直径大，内轮花瓣颜色为粉红色，花柱分裂位置高，雌蕊高于雄蕊。
品质特征	适制绿茶。制作烘青绿茶外形细结显毫嫩绿，汤色嫩黄明亮，香气高爽花香显，滋味浓醇较甘，叶底嫩绿明亮。春季一芽二叶水浸出物含量49.4%，茶多酚含量19.8%，氨基酸含量4.6%，咖啡碱含量3.4%。
适宜区域	适宜在江南茶区浙江杭州及与其气候相似地区种植。

浙江省

333

中茶160

Camellia sinensis（L.）O. Kuntze 'Zhongcha 160'

申 请 号	20201005149
申 请 日	2020年9月10日
品种权号	CNA20201005149
授 权 日	2023年12月29日
公 告 号	CNA031413G
品种权人	中国农业科学院茶叶研究所
培 育 人	陈 亮　姚明哲　马建强　马春雷　金基强
品种来源	以'茴香茶'和'龙井43'为亲本，经杂交选育而成。
登记情况	未登记
形态特征	植株生长势中，树型灌木型，树姿半开张；新梢一芽一叶始期早，一芽二叶期第2叶颜色为浅绿色，芽茸毛密度中，叶柄基部无花青苷显色；成熟叶片着生姿态向上，窄椭圆形，绿色程度中，横切面内折，上表面隆起性无或弱；花萼外部无茸毛，花冠直径中，内轮花瓣颜色为白色，花柱分裂位置中，雌蕊高于雄蕊。
品质特征	适制绿茶和红茶。制烘青绿茶外形细结显毫嫩绿，汤色嫩黄明亮，香气高爽花香显，滋味浓醇较甘，叶底嫩绿明亮；制工夫红茶外形壮结显毫，汤色橙红明亮，香气高甜，滋味甘醇，叶底红亮。春季一芽二叶水浸出物含量49.6%，茶多酚含量19.3%，氨基酸含量4.2%，咖啡碱含量3.2%。
适宜区域	适宜在江南茶区浙江杭州及与其气候相似地区种植。

浙江省

中茶211

Camellia sinensis（L.）O. Kuntze 'Zhongcha 211'

申 请 号	20100658.9
申 请 日	2010年8月18日
品种权号	CNA20100658.9
授 权 日	2016年1月1日
公 告 号	CNA006983G
品种权人	中国农业科学院茶叶研究所
培 育 人	陈　亮　姚明哲
品种来源	以'嘉茗1号'和'白鸡冠'为亲本，经杂交选育而成的新梢黄化品种。
登记情况	未登记
形态特征	植株生长势中，树型灌木型，树姿半开张；新梢一芽一叶始期早到中，一芽二叶期第2叶颜色为黄绿色，芽茸毛密度稀，叶柄基部无花青苷显色；成熟叶片着生姿态向上，中等椭圆形，绿色程度浅，横切面平，上表面隆起性中；花萼外部无茸毛，花冠直径小，内轮花瓣颜色为白色，花柱分裂位置中，雌蕊高于雄蕊。
品质特征	适制绿茶。制绿茶外形显毫、鹅黄透绿，汤色浅嫩绿明亮，香气高鲜、栗香显，滋味甘醇、较鲜爽，叶底细嫩显芽、玉黄隐绿鲜亮。
适宜区域	适宜在浙江种植。

浙江省

中茶251

Camellia sinensis（L.）O. Kuntze 'Zhongcha 251'

申 请 号	20100659.8
申 请 日	2010年8月18日
品种权号	CNA20100659.8
授 权 日	2015年9月1日
公 告 号	CNA005625G
品种权人	中国农业科学院茶叶研究所
培 育 人	姚明哲　陈　亮　马春雷　金基强
品种来源	从'枕CM22'开放授粉后代中，经单株选育而成。
登记情况	未登记
形态特征	植株生长势中，树型灌木型，树姿半开张；新梢一芽一叶始期早，一芽二叶期第2叶颜色为浅绿色，芽茸毛密度中，叶柄基部无花青苷显色；成熟叶片着生姿态向上，窄椭圆形，绿色程度中，横切面内折，上表面隆起性无或弱；花萼外部无茸毛，花冠直径中，内轮花瓣颜色为白色，花柱分裂位置中，雌蕊高于雄蕊。
适宜区域	适宜在浙江种植。

中茶306

Camellia sinensis（L.）O. Kuntze 'Zhongcha 306'

申 请 号	20183261.4
申 请 日	2018年10月10日
品种权号	CNA20183261.4
授 权 日	2023年3月7日
公 告 号	CNA024386G
品种权人	中国农业科学院茶叶研究所
培 育 人	王新超　王　璐　郝心愿　杨亚军　章志芳
品种来源	从祁门种群体中，经单株选育而成的新梢黄化品种。
登记情况	未登记
形态特征	植株生长势中到强，树型灌木型到小乔木型，树姿直立；新梢一芽一叶始期早，一芽二叶期第2叶颜色为黄绿色，芽茸毛密度中，叶柄基部无花青苷显色；成熟叶片着生姿态向上，窄椭圆形，绿色程度中，横切面内折，上表面隆起性无或弱；花萼外部无茸毛，花冠直径中，内轮花瓣颜色为白色，花柱分裂位置高，雌雄蕊等高。
品质特征	适制绿茶和红茶。制烘青绿茶香气清鲜、略有栗香、甜花香显，滋味甘醇；制红茶外形紧结显毫、乌褐，汤色深橙黄明亮，香气清甜、花果香显，滋味甘和。
适宜区域	适宜在江南茶区浙江杭州、嵊州种植。

中茶307

Camellia sinensis(L.) O. Kuntze 'Zhongcha 307'

申 请 号	20183262.3
申 请 日	2018年10月10日
品种权号	CNA20183262.3
授 权 日	2023年3月7日
公 告 号	CNA024387G
品种权人	中国农业科学院茶叶研究所
培 育 人	王 璐　王新超　郝心愿　杨亚军　章志芳
品种来源	从祁门槠叶种中，经单株选育而成。
登记情况	GPD茶树（2022）330055
形态特征	植株生长势强，树型灌木型，树姿开张；新梢一芽一叶始期早，一芽二叶期第2叶颜色为浅绿色，芽茸毛密度稀，叶柄基部无花青苷显色；成熟叶片着生姿态水平，窄椭圆形，绿色程度浅，横切面平，上表面隆起性中；花萼外部无茸毛，花冠直径小，内轮花瓣颜色为白色，花柱分裂位置高，雌雄蕊等高。
品质特征	适制绿茶。制烘青绿茶外形紧结显毫、嫩翠，汤色浅嫩绿（黄）、明亮，香气清高、栗香显，滋味较甘醇鲜爽。春季一芽二叶水浸出物含量52.9%，茶多酚含量18.9%，氨基酸含量4.1%，咖啡碱含量3.0%。
适宜区域	适宜在江南茶区浙江嵊州春、秋两季种植。

中黄3号

Camellia sinensis（L.）O. Kuntze 'Zhonghuang 3'

申 请 号 20151367.4
申 请 日 2015年10月9日
品种权号 CNA20151367.4
授 权 日 2018年1月2日
公 告 号 CNA010395G
品种权人 中国农业科学院茶叶研究所；龙游圣堂茶业专业合作社
培 育 人 缪述钢　马建强　朱建红　陈　亮　胡瑞华　马春雷　金基强
品种来源 从浙江龙游茶树群体种中，经单株选育而成的新梢黄化品种。
登记情况 GPD茶树（2023）330053
形态特征 植株生长势强，灌木型，树姿半开张；新梢一芽一叶始期中到晚，一芽二叶期第2叶颜色为黄绿色，芽茸毛密度稀，叶柄基部无花青苷显色；叶片着生姿态向上到水平，中等椭圆形，绿色程度中，横切面内折，上表面隆起性中；花萼外部无茸毛，花冠直径小到中，内轮花瓣颜色为白色，花柱分裂位置高，雌蕊略高于雄蕊。
品质特征 适制绿茶。制绿茶外形玉黄透绿鲜亮，汤色嫩绿、清澈明亮，香气高爽、略有栗香，滋味甘醇鲜爽。春季一芽二叶水浸出物含量49.0%，茶多酚含量16.3%，氨基酸含量5.8%，咖啡碱含量3.5%。
适宜区域 适宜在江南茶区浙江种植。

浙江省

345

中黄4号

Camellia sinensis（L.）O. Kuntze 'Zhonghuang 4'

申 请 号 20160888.5

申 请 日 2016年5月30日

品种权号 CNA20160888.5

授 权 日 2023年3月7日

公 告 号 CNA024371G

品种权人 中国农业科学院茶叶研究所

培 育 人 王新超 王 璐 郝心愿 杨亚军 章志芳

品种来源 从湖南'晚紫浓'开放授粉后代中，单株选育而成的新梢黄化品种。

登记情况 GPD茶树（2022）330028

形态特征 植株生长势中到强，树型灌木型到小乔木型，树姿半开张；新梢一芽一叶始期中，一芽二叶期第2叶颜色为黄绿色，芽茸毛密度稀到中，叶柄基部无花青苷显色；成熟叶片着生姿态向上，窄椭圆形，绿色程度中，横切面内折，上表面隆起性无或弱；花萼外部无茸毛，花冠直径中，内轮花瓣颜色为白色，花柱分裂位置中，雌蕊高于雄蕊。

品质特征 适制绿茶和红茶。制烘青绿茶外形细紧显毫、嫩（黄）绿、较鲜润，汤色嫩黄明亮，香气清高、有花香嫩香，滋味浓醇鲜爽；制针形绿茶外形细紧挺直显毫、嫩绿，汤色嫩绿明亮，香气清甜嫩鲜，滋味尚浓醇甘鲜；制红茶外形细紧显毫、乌褐，汤色红较明亮，香气高（鲜）甜、有花果香，滋味甘醇。春季一芽二叶水浸出物含量52.0%，茶多酚含量17.9%，氨基酸含量4.1%，咖啡碱含量3.3%。

适宜区域 适宜在江南茶区浙江杭州、嵊州种植。

浙江省

中茗1302

Camellia sinensis（L.）O. Kuntze 'Zhongming 1302'

申 请 号	20172763
申 请 日	2017年10月23日
品种权号	CNA20172763.0
授 权 日	2023年5月24日
公 告 号	CNA026899G
品种权人	中国农业科学院茶叶研究所
培 育 人	王丽鸳　成　浩　韦　康　阮　丽　吴立赟　李海琳
品种来源	以'龙井43'为母本和'白毫早'为父本，经杂交选育而成。
登记情况	未登记
形态特征	植株生长势中，树型灌木型，树姿半开张；新梢一芽一叶始期极早到早，一芽二叶期第2叶颜色为浅绿色，芽茸毛密度稀，叶柄基部无花青苷显色；成熟叶片着生姿态向上，窄椭圆形，绿色程度中，横切面内折，上表面隆起性无或弱；花萼外部无茸毛，花冠直径小，内轮花瓣颜色为粉红色，花柱分裂位置高，雌蕊高于雄蕊。
品质特征	适制绿茶。制烘青绿茶外形紧结卷曲显毫、深绿，汤色嫩黄绿明亮，香气高鲜、有花香，滋味浓醇甘鲜，叶底嫩匀显芽、嫩绿。春季一芽二叶水浸出物含量48.8%，茶多酚含量20.0%，氨基酸含量4.5%，咖啡碱含量3.4%。
适宜区域	适宜在浙江种植。

中茗1601

Camellia sinensis（L.）O. Kuntze 'Zhongming 1601'

申 请 号	20172767.6
申 请 日	2017年10月23日
品种权号	CNA20172767.6
授 权 日	2023年5月24日
公 告 号	CNA026903G
品种权人	中国农业科学院茶叶研究所
培 育 人	王丽鸳　成　浩　韦　康　阮　丽　吴立赟　李海琳
品种来源	以'龙井43'为母本和'白毫早'为父本，经杂交选育而成。
登记情况	未登记
形态特征	植株生长势强，树型灌木型，树姿直立到半开张；新梢一芽一叶始期极早到早，一芽二叶期第2叶颜色为浅绿色，芽茸毛密度稀，叶柄基部无花青苷显色；成熟叶片着生姿态向上，窄椭圆形，绿色程度中，横切面平，上表面隆起性中；花萼外部无茸毛，花冠直径小，内轮花瓣颜色为粉红色，花柱分裂位置中到高，雌蕊略高于雄蕊。
品质特征	适制绿茶。制烘青绿茶外形紧结卷曲显毫、嫩绿隐嫩黄，汤色嫩绿明亮，香气清高鲜爽、花香显，滋味甘醇鲜爽，叶底细嫩显芽、嫩黄绿。春季一芽二叶水浸出物含量48.4%，茶多酚含量18.6%，氨基酸含量5.0%，咖啡碱含量3.7%。
适宜区域	适宜在浙江种植。

浙江省

中茗1号

Camellia sinensis（L.）O. Kuntze 'Zhongming 1'

申 请 号	20151398.7
申 请 日	2015年10月9日
品种权号	CNA20151398.7
授 权 日	2020年9月30日
公 告 号	CNA015942G
品种权人	中国农业科学院茶叶研究所
培 育 人	王丽鸳　成　浩　韦　康　张成才　吴立赟
品种来源	从浙江'龙井种'中，经单株选育而成。
登记情况	未登记
形态特征	植株生长势中，树型灌木型，树姿直立到半开张；新梢一芽一叶始期早，一芽二叶期第2叶颜色为浅绿色，芽茸毛密度稀，叶柄基部无花青苷显色；成熟叶片着生姿态向上，窄椭圆形，绿色程度中，横切面平，上表面隆起性中；花萼外部无茸毛，花冠直径小，内轮花瓣颜色为白色，花柱分裂位置中到高，雌蕊略低于雄蕊。
品质特征	适制绿茶。制烘青绿茶外形紧结卷曲有毫、深绿带翠，汤色嫩绿明亮，香气清高、有花香，滋味浓醇甘鲜，叶底嫩绿有芽。春季一芽二叶水浸出物含量48.2%，茶多酚含量20.0%，氨基酸含量5.0%，咖啡碱含量3.3%。
适宜区域	适宜在江南茶区浙江的偏酸性土壤地区种植。

浙江省

中茗21

Camellia sinensis（L.）O. Kuntze 'Zhongming 21'

申 请 号	20182059.2
申 请 日	2018年6月13日
品种权号	CNA20182059.2
授 权 日	2023年5月24日
公 告 号	CNA026919G
品种权人	中国农业科学院茶叶研究所
培 育 人	韦 康　成 浩　王丽鸳　曾建明　章志芳　阮 丽　吴立赟
品种来源	从浙江'龙井种'中，经单株选育而成。
登记情况	未登记
形态特征	植株生长势中，树型灌木型，树姿直立到半开张；新梢一芽一叶始期中，一芽二叶期第2叶颜色为浅绿色，芽茸毛密度稀到中，叶柄基部无花青苷显色；成熟叶片着生姿态向上，中等椭圆形，绿色程度浅到中，横切面内折，上表面隆起性无或弱；花萼外部无茸毛，花冠直径极小到小，内轮花瓣颜色为白色，花柱分裂位置中到高，雌蕊高于雄蕊。
品质特征	适制绿茶。制烘青绿茶外形紧结卷曲有毫、深绿稍偏黄，汤色嫩绿、清澈明亮，香气清高鲜爽、花香显、嫩香显，滋味甘醇鲜爽，叶底嫩匀显芽、嫩绿。春季一芽二叶水浸出物含量48.8%，茶多酚含量19.6%，氨基酸含量5.1%，咖啡碱含量3.2%。
适宜区域	适宜在浙江种植。

浙江省

355

中茗22

Camellia sinensis（L.）O. Kuntze 'Zhongming 22'

申 请 号	20161832.0
申 请 日	2016年10月17日
品种权号	CNA20161832.0
授 权 日	2020年9月30日
公 告 号	CNA015948G
品种权人	中国农业科学院茶叶研究所
培 育 人	成　浩　王丽鸳　韦　康　吴立赟　阮　丽
品种来源	从'福鼎大白茶'开放授粉后代中，经单株选育而成。
登记情况	未登记
形态特征	植株生长势中，树型灌木型，树姿半开张新梢一芽一叶始期早，一芽二叶期第2叶颜色为中等绿色，芽茸毛密度中到密，叶柄基部无花青苷显色；成熟叶片着生姿态向上，中等椭圆形，绿色程度中到深，横切面内折，上表面隆起性无或弱；花萼外部无茸毛，花冠直径小到中，内轮花瓣颜色为白色，花柱分裂位置中，雌蕊高于雄蕊。
品质特征	适制绿茶。制烘青绿茶外形紧结卷曲微毫、深绿，汤色嫩绿明亮，香气清香、略有花香，滋味甘醇鲜爽，叶底显芽黄绿。春季一芽二叶水浸出物含量49.2%，茶多酚含量20.4%，氨基酸含量5.7%，咖啡碱含量3.5%。
适宜区域	适宜在浙江种植。

中茗23

Camellia sinensis（L.）O. Kuntze 'Zhongming 23'

申 请 号	20182060.9
申 请 日	2018年6月13日
品种权号	CNA20182060.9
授 权 日	2023年5月24日
公 告 号	CNA026920G
品种权人	中国农业科学院茶叶研究所
培 育 人	韦 康　成 浩　王丽鸳　潘建义　阮 丽　吴立赟
品种来源	从'福鼎大白茶'开放授粉后代中，经单株选育而成。
登记情况	未登记
形态特征	植株生长势中到强，树型灌木型，树姿半开张；新梢一芽一叶始期极早到早，一芽二叶期第2叶颜色为浅绿色，芽茸毛密度中，叶柄基部无花青苷显色；成熟叶片着生姿态向上到水平，中等椭圆形，绿色程度中，横切面平，上表面隆起性中；花萼外部无茸毛，花冠直径极小到小，内轮花瓣颜色为白色，花柱分裂位置中到高，雌蕊略高于雄蕊。
品质特征	适制绿茶。制烘青绿茶外形紧结卷曲显毫，汤色嫩绿、清澈明亮，香气高鲜、有花香、有嫩香，滋味甘醇鲜爽，叶底嫩匀有显芽、嫩绿亮。春季一芽二叶水浸出物含量47.2%，茶多酚含量16.6%，氨基酸含量6.0%，咖啡碱含量3.9%。
适宜区域	适宜在浙江种植。

中茗2806

Camellia sinensis（L.）O. Kuntze 'Zhongming 2806'

申 请 号	20172764.9
申 请 日	2017年10月23日
品种权号	CNA20172764.9
授 权 日	2023年5月24日
公 告 号	CNA026900G
品种权人	中国农业科学院茶叶研究所
培 育 人	王丽鸳　成　浩　韦　康　阮　丽　吴立赟　李海琳
品种来源	以'嘉茗1号'和'龙井43'为亲本，经杂交选育而成。
登记情况	未登记
形态特征	植株生长势中到强，树型灌木型，树姿半开张；新梢一芽一叶始期极早到早，一芽二叶期第2叶颜色为浅绿色，芽茸毛密度稀，叶柄基部无花青苷显色；成熟叶片着生姿态向上，中等椭圆形，绿色程度浅，横切面内折，上表面隆起性无或弱；花萼外部无茸毛，花冠直径中，内轮花瓣颜色为白色，花柱分裂位置中到高，雌雄蕊等高。
品质特征	适制绿茶。制烘青绿茶外形细紧卷曲略有毫、嫩绿带翠，汤色浅嫩绿、清澈明亮，香气清鲜、花香显，滋味清鲜甘醇。春季一芽二叶水浸出物含量49.4%，茶多酚含量19.2%，氨基酸含量4.6%，咖啡碱含量3.2%。
适宜区域	适宜在浙江种植。

浙江省

361

中茗2807

Camellia sinensis（L.）O. Kuntze 'Zhongming 2807'

申 请 号	20172765.8
申 请 日	2017年10月23日
品种权号	CNA20172765.8
授 权 日	2023年5月24日
公 告 号	CNA026901G
品种权人	中国农业科学院茶叶研究所
培 育 人	王丽鸳 成 浩 韦 康 阮 丽 吴立赟 李海琳
品种来源	以'嘉茗1号'和'龙井43'为亲本，经杂交选育而成。
登记情况	GPD茶树（2023）330017
形态特征	植株生长势强，树型灌木型到小乔木型，树姿直立到半开张；新梢一芽一叶始期极早到早，一芽二叶期第2叶颜色为浅绿色，芽茸毛密度稀，叶柄基部无花青苷显色；成熟叶片着生姿态向上到水平，窄椭圆形，绿色程度中，横切面平，上表面隆起性无或弱；花萼外部无茸毛，花冠直径中到大，内轮花瓣颜色为白色，花柱分裂位置中到高，雌蕊略高于雄蕊。
品质特征	适制绿茶。制烘青绿茶外形细紧卷曲显毫，汤色嫩绿明亮，香气高鲜、花香馥郁，滋味甘醇鲜爽，叶底嫩匀黄绿。春季一芽二叶水浸出物含量49.8%，茶多酚含量17.8%，氨基酸含量5.6%，咖啡碱含量3.5%。
适宜区域	适宜在浙江种植。

浙江省

中茗2813

Camellia sinensis（L.）O. Kuntze 'Zhongming 2813'

申 请 号	20172766.7
申 请 日	2017年10月23日
品种权号	CNA20172766.7
授 权 日	2023年5月24日
公 告 号	CNA026902G
品种权人	中国农业科学院茶叶研究所
培 育 人	王丽鸳　成　浩　韦　康　阮　丽　吴立赟　李海琳
品种来源	以'嘉茗1号'和'龙井43'为亲本，经杂交选育而成。
登记情况	未登记
形态特征	植株生长势强，树型灌木型，树姿半开张；新梢一芽一叶始期极早到早，一芽二叶期第2叶颜色为浅绿色，芽茸毛密度中，叶柄基部无花青苷显色；成熟叶片着生姿态向上，中等椭圆形，绿色程度浅，横切面内折，上表面隆起性无或弱；花萼外部无茸毛，花冠直径中，内轮花瓣颜色为白色，花柱分裂位置低到中，雌蕊略高于雄蕊。
品质特征	适制绿茶。制烘青绿茶外形细紧略卷曲有毫、黄绿，汤色嫩绿明亮，香气清高、微有花香，滋味醇厚甘鲜，叶底嫩匀有芽、嫩黄。春季一芽二叶水浸出物含量49.2%，茶多酚含量19.0%，氨基酸含量5.4%，咖啡碱含量3.8%。
适宜区域	适宜在浙江种植。

浙江省

365

中茗6号

Camellia sinensis（L.）O. Kuntze 'Zhongming 6'

申 请 号	20151399.6
申 请 日	2015年10月9日
品种权号	CNA20151399.6
授 权 日	2020年9月30日
公 告 号	CNA015943G
品种权人	中国农业科学院茶叶研究所
培 育 人	王丽鸳　成　浩　韦　康　张成才　吴立赟
品种来源	从浙江'龙井种'中，经单株选育而成。
登记情况	GPD茶树（2022）330006
形态特征	植株生长势中，树型灌木型，树姿半开张；新梢一芽一叶始期早，一芽二叶期第2叶颜色为浅绿色，芽茸毛密度稀，叶柄基部无花青苷显色；成熟叶片着生姿态向上，披针形，绿色程度中，横切面内折，上表面隆起性无或弱；花萼外部无茸毛，花冠直径小，内轮花瓣颜色为白色，花柱分裂位置高，雌蕊高于雄蕊。
品质特征	适制绿茶。制龙井茶外形扁平光滑、尖削挺直、嫩绿，汤色嫩绿明亮，香气高鲜、有花香，滋味甘醇鲜爽，叶底嫩匀成朵、嫩绿鲜亮。春季一芽二叶水浸出物含量48.9%，茶多酚含量19.1%%，氨基酸含量6.0%，咖啡碱含量3.30%。
适宜区域	适宜在浙江种植。

浙江省

中茗7号

Camellia sinensis（L.）O. Kuntze 'Zhongming 7'

申 请 号	20151400.3
申 请 日	2015年10月9日
品种权号	CNA20151400.3
授 权 日	2020年9月30日
公 告 号	CNA015944G
品种权人	中国农业科学院茶叶研究所
培 育 人	王丽鸳　成　浩　韦　康　张成才　吴立赟
品种来源	以'中茶108'与和'龙井43'为亲本，经杂交选育而成。
登记情况	GPD茶树（2021）330041
形态特征	植株生长势中到强，树型灌木型，树姿半开张到开张；新梢一芽一叶始期早，一芽二叶期第2叶颜色为中等绿色，芽茸毛密度稀，叶柄基部无花青苷显色；成熟叶片着生姿态向上到水平，窄椭圆形，绿色程度中，横切面平，上表面隆起性无或弱；花萼外部无茸毛，花冠直径小到中，内轮花瓣颜色为白色，花柱分裂位置高，雌雄蕊等高。
品质特征	适制绿茶和红茶。制烘青绿茶外形壮结显毫，汤色嫩绿明亮，香气高鲜有花香，滋味甘醇鲜爽，叶底嫩匀显芽、绿明；制红茶香气为花果香。春季一芽二叶水浸出物含量48.6%，茶多酚含量19.7%，氨基酸含量5.2%，咖啡碱含量4.0%。
适宜区域	适宜在浙江种植。

中茗66号

Camellia sinensis（L.）O. Kuntze 'Zhongming 66'

申 请 号	20161833.9
申 请 日	2016年10月17日
品种权号	CNA20161833.9
授 权 日	2020年9月30日
公 告 号	CNA015949G
品种权人	中国农业科学院茶叶研究所
培 育 人	韦 康　成 浩　王丽鸳　吴立赟　阮 丽
品种来源	从浙江'龙井种'中，经单株选育而成。
登记情况	GPD茶树（2021）330005
形态特征	植株生长势中，树型灌木型，树姿半开张；新梢一芽一叶始期早，一芽二叶期第2叶颜色为浅绿色，芽茸毛密度稀，叶柄基部无花青苷显色；成熟叶片着生姿态向上，窄椭圆形，绿色程度中，横切面内折，上表面隆起性无或弱；花萼外部无茸毛，花冠直径小，内轮花瓣颜色为白色，花柱分裂位置高，雌蕊高于雄蕊。
品质特征	适制绿茶。制烘青绿茶外形细紧卷曲显毫、嫩绿带翠较鲜活，汤色较嫩绿明亮，香气清高鲜爽、花香显、毫香显，滋味浓醇鲜爽，叶底细嫩匀齐有芽、绿明。春季一芽二叶水浸出物含量46.0%，茶多酚含量18.1%，氨基酸含量5.1%，咖啡碱含量3.3%。
适宜区域	适宜在江南茶区浙江杭州种植。

浙江省

中紫1号

Camellia sinensis（L.）O. Kuntze 'Zhongzi 1'

申 请 号	20160889.4
申 请 日	2016年5月30日
品种权号	CNA20160889.4
授 权 日	2023年3月7日
公 告 号	CNA024372G
品种权人	中国农业科学院茶叶研究所
培 育 人	王新超　王　璐　郝心愿　杨亚军　章志芳
品种来源	从'龙井43'开放授粉后代中，经单株选育而成的新梢紫化品种。
登记情况	未登记
形态特征	植株生长势中，树型灌木型到小乔木型，树姿半开张到开张；新梢一芽一叶始期晚，一芽二叶期第2叶颜色为紫绿色，芽茸毛密度中，叶柄基部有花青苷显色；成熟叶片着生姿态向上，窄椭圆形，绿色程度中，横切面内折，上表面隆起性无或弱；花萼外部无茸毛，花冠直径中到大，内轮花瓣颜色为白色，花柱分裂位置中，雌雄蕊等高。
品质特征	适制红茶和白茶。制红茶外形紧结有毫、较乌泛青，汤色橙黄明亮，香气清甜、有花果香，滋味甘和；制白茶外形花朵形有毫、褐，汤色深橙黄明亮，香气甜香、略有花果香，滋味较甘醇较滑。春季一芽二叶氨基酸含量6.3%，咖啡碱含量2.6%，儿茶素含量11.2%，花青素含量1.2%。
适宜区域	适宜在江南茶区浙江杭州、嵊州种植。

醉金红

Camellia sinensis（L.）O. Kuntze 'Zuijinhong'

申 请 号	20130160
申 请 日	2013年11月10日
品种权号	20140085
授 权 日	2014年6月27日
公 告 号	国家林业局植物新品种保护办公室关于授权品种的公告（第1402号）
品种权人	宁波黄金韵茶业科技有限公司；浙江大学
培 育 人	张龙杰　王开荣　梁月荣　韩　震　吴　颖　王盛彬　邓　隆　李　明　王荣芬　郑新强
品种来源	从'黄金芽'开放授粉后代中，经单株选育而成的新梢黄化品种。
登记情况	GPD茶树（2022）330013
形态特征	植株生长势强，树型灌木型，树姿直立；新梢一芽一叶始期晚，一芽二叶期第2叶颜色为黄色，芽茸毛密度稀，气温较高时节一叶前芽叶略显红色，叶柄基部无花青苷显色；成熟叶片着生姿态向上，窄椭圆形，绿色程度浅，横切面内折，上表面隆起性弱，叶缘波折强；花萼外部无茸毛，花冠直径小，内轮花瓣颜色白色，花柱分裂位置中，雌蕊高于雄蕊。
品质特征	适制绿茶。制烘青绿茶黄绿润有白毫，汤色绿黄亮，香气鲜浓较持久，滋味浓尚鲜醇，叶底细嫩成朵、嫩黄绿明亮。春季一芽二叶水浸出物含量47.3%，茶多酚含量19.1%，氨基酸含量4.2%，咖啡碱含量3.6%。
适宜区域	适宜在浙江、江苏、安徽、贵州种植。

浙江省

375

御金芽

Camellia sinensis（L.）O. Kuntze 'Yujinya'

申 请 号	20220133
申 请 日	2022年2月12日
品种权号	20230842
授 权 日	2023年11月29日
公 告 号	国家林业和草原局公告（2023年第25号）
品种权人	宁波黄金韵茶业科技有限公司
培 育 人	张龙杰　王荣芬　王静芬　胡涨吉　张完林　戴建建
品种来源	以'御金香'和'黄金芽'为亲本，经杂交选育而成的新梢黄化品种。
登记情况	未登记
形态特征	植株生长势中，树型灌木型，树姿半开张；新梢一芽一叶始期极早到早，一芽二叶期第2叶颜色为黄绿色，芽茸毛密度稀，叶柄基部无花青苷显色；成熟叶片着生姿态向上，窄椭圆形，绿色程度浅，横切面平，上表面隆起弱；花萼外部无茸毛，花冠直径小到中，内轮花瓣颜色白色，花柱分裂位置低，雌蕊高于雄蕊。
品质特征	适制绿茶。制烘青绿茶色显黄，汤色浅黄明亮，香气清鲜持久，滋味鲜醇回甘，叶底黄绿明亮。春茶一芽二叶水浸出物含量48.2%，茶多酚含量15.1%，氨基酸含量6.0%，咖啡碱含量4.4%。
适宜区域	江南茶区浙江的偏酸性土壤地区。

浙江省

377

主要参考文献

陈亮，杨亚军，虞富莲，2005. 茶树种质资源描述规范和数据标准[M]. 北京：中国农业出版社.

陈亮，虞富莲，姚明哲，等，2008. 国际植物新品种保护联盟茶树新品种特异性、一致性、稳定性测试指南的制订[J]. 中国农业科学，41（8）：2 400-2 406.

邓伟，崔野韩，2020. 中国农业植物新品种保护制度及发展的研究[J]. 中国种业（11）：1-7.

唐浩，2017. 植物品种特异性 一致性 稳定性测试总论[M]. 北京：中国农业出版社.

杨亚军，梁月荣，2014. 中国无性系茶树品种志[M]. 上海：上海科学技术出版社.

中国茶树品种志编委会，2001. 中国茶树品种志[M]. 上海：上海科学技术出版社.

中华人民共和国国家质量监督检验检疫总局，中国国家标准化管理委员会，2004. 植物新品种特异性、一致性和稳定性测试指南 总则：GB/T 19557.1—2004 [S]. 北京：中国标准出版社.

中华人民共和国农业部，2014. 植物新品种特异性、一致性和稳定性测试指南 茶树：NY/T 2422—2013 [S]. 北京：中国农业出版社.